冶金工业出版社

普通高等教育“十四五”规划教材

普通化学实验

（第 2 版）

车　平　闫红亮　臧丽坤
李新学　边永忠　王海龙　编著

本书数字资源

北　京
冶　金　工　业　出　版　社
2025

内 容 提 要

本书包括绪论、普通化学实验基本知识与基本操作、普通化学实验选编三个主要部分。在第 1 版的基础上，根据近年来化学实验发展和实验仪器更新换代的要求，结合教学实践中所反映出来的问题，对不再适应学科发展的部分进行了更新。修正了部分基础数据，增加了两个与学科前沿和生活密切相关的实验，对一些文字叙述进行了修改。

本书可作为高等学校土木工程、采矿工程、矿物加工工程、能源和物理等专业本科生的教材，也可以供学有余力的高中学生和相关领域的科研和工程技术人员参考。

图书在版编目（CIP）数据

普通化学实验／车平等编著. -- 2版. -- 北京：冶金工业出版社，2025. 8. --（普通高等教育“十四五”规划教材）. -- ISBN 978-7-5240-0201-7

Ⅰ. O6-3

中国国家版本馆 CIP 数据核字第 2025MS5589 号

普通化学实验（第 2 版）

出版发行 冶金工业出版社　**电　话**（010）64027926
地　址 北京市东城区嵩祝院北巷 39 号　**邮　编** 100009
网　址 www. mip1953. com　**电子信箱** service@ mip1953. com

责任编辑 于昕蕾　美术编辑 吕欣童　版式设计 郑小利
责任校对 葛新霞　责任印制 禹　蕊
唐山玺诚印务有限公司印刷
2017 年 6 月第 1 版，2025 年 8 月第 2 版，2025 年 8 月第 1 次印刷
710mm×1000mm　1/16；12 印张；235 千字；182 页
定价 39. 00 元

投稿电话　**（010）64027932**　**投稿信箱**　**tougao@ cnmip. com. cn**
营销中心电话　**（010）64044283**
冶金工业出版社天猫旗舰店　**yjgycbs. tmall. com**
（本书如有印装质量问题，本社营销中心负责退换）

第2版前言

本书自第1版出版以来，得到了广大师生的支持和认可。但随着学科的发展和实验仪器的智能化，第1版中的部分内容已经不能充分满足目前的教学需要。因此，本书在第1版基础上，对其中不适应目前教学体系的内容进行了修订，包括对一些不够准确的文字叙述进行了修改，对一些实验进行了更新。

本书第2版在保留第1版优点的基础上，主要做了以下改进：

（1）更新部分实验内容：删除了部分陈旧或现象不明显的实验，增加了与学科前沿和生活实际紧密结合的新实验，例如“纳米材料的合成”“水垢的清除”等。

（2）强化安全环保意识：增加了实验室安全知识和环保意识的介绍，并在实验中强调安全注意事项和废弃物处理方法。

（3）对部分实验原理的叙述进行了修改，使其更加简洁明了，便于学生理解。

（4）对基础数据进行了核对，改正了一些印刷错误，对附表8加注了中文名称，便于学生查阅和计算。

（5）丰富教学资源：配套了更加丰富的数字化教学资源，上线了《普通化学实验》慕课，内容包括实验原理、实验操作，习题解答等，方便学生预习和复习。

本书的编写既继承了北京科技大学无机化学教研室前辈们的工作，又参阅了国内兄弟高校的实验教材，在此表示衷心的感谢！本书得到北京科技大学教材建设经费资助，得到了北京科技大学教务处的全程支持，自然科学基础实验中心郭丽芳老师提供了新仪器的说明书，在此一并表示感谢！

我们衷心希望，《普通化学实验》（第 2 版）能够成为广大师生在化学实验教学与学习过程中的得力助手，帮助学生在化学实验的海洋中畅游，收获知识与成长，为未来的学习和研究奠定坚实的基础。

由于编者水平有限，书中难免存在不足之处，敬请广大读者批评指正。

编著者

2025 年 2 月 10 日

第1版前言

普通化学是高等院校工科非化学化工类各专业学生的一门重要的基础课。本书的编写力图适应高等教育改革的要求，根据北京科技大学土木工程、采矿工程、矿物加工工程、能源和物理专业的本科普通化学实验教学的要求，在以往多年的普通化学实验（校内讲义）的基础上，由我校化学与生物工程学院普通化学教研组编写而成。

本书共分为绪论、基本知识与基本操作和实验选编三部分。本书在内容安排上，力求做到循序渐进，以利于对学生分阶段、有层次地进行培养和训练，即实验原理介绍由详细到简单；实验步骤交代由注入式到启发式；基本操作训练由易到难；实验内容由简单到综合，由详细交代到自行设计。加强实验教学，提高学生的动手能力、增强学生的创新意识，以适应科学发展对学生创新思维能力培养的要求。

本书是北京科技大学土木工程、采矿工程、矿物加工工程、能源和物理专业的本科必修课——普通化学实验的指定教材，对于其他兄弟院校工科专业普通化学实验的教学也有一定的参考价值。本书由臧丽坤、车平、闫红亮、李新学、边永忠编著，在本书的评审过程中王明文老师对本书的每一部分都提出了非常重要且细致的意见，中国科学院大学的公旭中教授对于本书的修订提出了重要的指导意见。感谢姚喆工程师对本书所做的贡献，感谢自然科学实验中心陆慧丽、张玮玮、郭丽芳老师对本书所做的贡献，感谢研究生崔丽娜和博士王奇对于仪器的使用说明书部分的编写修订工作。感谢北京科技大学化学与生物工程学院化学系无机教研组所有同事给予的大力协助。

本书的编写得到了北京科技大学 2015 年度校级“十二五”规划教材的资助，在此表示感谢！

由于时间紧迫和编者水平有限，错误和不妥之处在所难免，希望同行和读者批评指正，以便在下一版得到改进。

编著者

2017 年 3 月

目　　录

1 绪　　论

1.1 普通化学实验目的

普通化学是一门实验科学，化学中的大部分概念和理论都来源于实验，并且又要通过实验来检验和逐步深化理解。在实验课上亲手获得化学事实，经过思维、归纳、总结，将感性认识提高到理性认识，可以巩固、扩大和加深所学基本理论和基本知识。化学实验也是对学生进行非智力训练的理想场所，包括勤奋不懈、谦虚好学、乐于协作、求实、求真、创新、存疑等科学品德和科学精神的训练，养成整洁、节约、准备和有条不紊的良好实验习惯，从而逐步掌握进行科学研究的正确方法。

普通化学实验课程是普通化学学科的重要组成部分，独立设课，独立考核成绩。普通化学实验课之所以独立设课，是因为该课程的目的不仅是为学生所学的普通化学内容提供感性知识，更重要的是培养学生分析问题和解决问题的能力。在实验中，学生要学会独立工作，由提出问题、查阅数据、设计方案、动手实验，到观察现象、测定数据，以及对实验现象加以解释、对数据进行处理，真正学会解决化学问题。普通化学实验的全过程是综合培养学生智力因素（动手、观测、查阅、记忆、思维、想象、表达等）最有效的方法，从而使学生具备分析问题和解决问题的能力。

大学一年级普通化学实验课程培养的能力是动手能力、观察能力和思维能力。

动手能力

动手能力是化学实验最基本的能力，熟练使用实验室常规仪器进行化学实验，正确操作仪器测定有关化学数据，能够根据给定的原料制取有用的单质和化合物，根据实验要求搭建简单的实验装置等。

实验技术迅猛发展，不断有新仪器和新技术出现，作为大学一年级普通化学实验课，教学的关键在于让一年级学生学会正确使用从未见过和使用过的常规仪器，能够独立完成一个基础实验。要求学生通过实验，自己学会使用仪器的方法。使用仪器一般的步骤是：使用前了解仪器的基本原理、要测定数据的误差、仪器使用方法及注意事项。使用时按照操作步骤逐步进行。

在实验课上，经过训练，能正确地掌握基本操作和基本技术，正确地使用常用仪器、测定数据并得到结果。根据基本要求，学生要学会天平、pH 计、分光光度计、电导率仪等仪器的使用，并且需要掌握下列操作：

（1）物质质量的准确称量。

（2）配制准确浓度的溶液和溶液浓度的标定。

（3）测定溶液的 pH 值。

（4）有色溶液吸光度的测定。

观察能力

所谓观察能力是对客观事物有意识和有计划地感知的能力。对工科院校的学生来说不仅是观察一般自然现象和社会现象，更重要的是带有试验研究性质的观察，这种观察具有明确的目的性和周密的计划性。对于大学一年级普通化学实验课，首先要确定实验目的，其次要周密地设计实验方案和实验步骤，第三要明确实验所要观察的实验现象并且准确记录实验数据，最后对实验现象进行归纳总结，实验数据进行分析处理，形成完整的实验报告。为此，本教材在传统的目前国内外同类教材中普遍采用的“试管实验”部分中，增加了“有限发现式”实验。所谓“有限发现式”实验就是给出命题及所用的试剂，要求学生按照给定试剂设计实验方案，通过实验得出应有的结论。

思维能力

思维能力包括创造力、想象力、分析综合、演绎归纳、抽象概括和判断推理的能力。在大一普通化学实验课中思维能力突出表现在怎样设计实验步骤，怎样解释实验现象，怎样从实验现象得到符合逻辑的合理的结论。实际上在整个实验过程中都需要思考。例如：在使用仪器的实验中就要思考怎样做才能做得准，做得快，而且又不损坏仪器。“心灵手巧”意味着一个动手能力很强的人，其思维能力也很高。在性质实验中要随时考虑所得到的实验现象是否符合实验要求，若与预测的实验现象不相符，则要思考是预测有错，还是操作有误；若是操作有误，是什么原因？怎样改进操作？所以在整个实验过程中都要积极地思考，不要只带手不带脑进实验室。切勿使用预测的实验现象代替实际观察的实验现象。实验现象是按预习实验的步骤一步一步操作得到的必然结果，所以实验现象是事实，无所谓对或错。所谓错了，可能是你预测的实验现象的理论根据有误，或者在实验过程中操作有误。对“反常”现象认真分析，将会提高学生应用理论的能力和实际操作的水平。

思维能力是要培养的，也需要一点一滴地积累。因此要求学生在整个实验过程中（预习实验、完成实验报告）都要积极地思考。

1.2 普通化学实验的学习方法

在有限的实验课上，要取得好的实验效果，不仅要有正确的学习态度，也需要有好的学习方法，主要应抓住以下环节：

（1）课前预习。实验课前预习直接影响实验课的收获大小。为保证在有限的学时获得最大的效果，必须预习好。为了确保实验质量，实验前任课教师要检查每个学生的预习情况。对没预习或预习不合格者，任课教师有权不让其参加本次实验，学生应听从教师的安排。

实验预习应达到下列要求：

1）性质实验，要了解每一个小实验的目的，理解其原理，预测所做实验的实验现象，更重要的是思考编者为什么这样设计实验步骤，若不按此实验步骤做实验是否会得到同样的实验现象和达到同样的实验目的？

例如：取数滴 $KMnO_4$(0.01 mol/L) 溶液，加 1~2 滴 H_2SO_4(2 mol/L)，再逐滴加入 Na_2SO_3(0.1 mol/L)，观察颜色的变化。

从实验步骤中可知道该实验是要了解高锰酸盐在酸性介质中的氧化性。根据相应的标准电极电势可确定该反应是可以发生的。能观察到的现象是从紫红色转变到无色，即从 MnO_4^- 还原为 Mn^{2+}。进一步地，还要考虑若把 Na_2SO_3 和 H_2SO_4 加入次序颠倒，即先加 Na_2SO_3 再加 H_2SO_4，是否能得到同样的结果。

2）测定实验，在预习时不仅要了解原理，更重要的是要了解仪器的使用方法，该仪器测得数据的可能误差。预习时还要画出记录数据的表格。

3）制备实验，要理解制备过程中每一步的原理及操作方法。要注意如何操作才能使最后得到的产品的纯度大，收率高。

4）设计实验，要根据化学原理设计出实验方案。方案中要有根据，有步骤（包括加入的试剂种类、次序、用量及操作方法等）。为帮助学生设计出合理的方案，提示了一些实验前回答的问题，在预习中要先做好这些问题。

要求每一位同学写出预习报告，规定没有预习报告者不得进实验室做实验。在预习报告中应做好实验前回答的问题。在本书后面列出预习报告的参考格式，供参考。

（2）课堂纪律。实验课的实验室就是课堂，是学生获取知识、培养能力的场所。因此进入实验室后必须保持肃静，不许大声喧哗、谈笑和唱歌，应立即进入自己的位置，开始做实验前的准备工作，洗涤玻璃仪器。必须树立一个观念，自己做实验的仪器必须亲自洗涤干净，否则实验中出现一些反常现象是无法找出原因的。洗涤仪器的方法按第 2.1 节中的规则做。开始实验前，就使自己的思维进入积极状态，按操作要求认真操作。观察现象要细致、全面。这里要特别强调的是应有严肃的科学态度——实事求是。

实验课也是培养学生科学态度的场所，所以要求学生在实验过程中保持台面的整洁，各种仪器安放合理，把实验现象及时记录在报告上，不可以随手记在一张任意的纸上或写在手上，更不许事后追记。同学实验过程中应保持整个实验过程有条不紊，一丝不苟。实验结束后，一定要认真整理台面，把所有仪器洗涤干净，排列整齐，药品复位。

（3）实验报告。实验后写出符合要求的实验报告，书写合格的实验报告是大学生应具备的能力。操作完实验，仅是完成了实验的一半，更重要的是分析实验现象，整理实验数据，认真、独立完成实验报告。实验报告是实验的总结，反映了学生的实验水平。对比得到的实验结果和预习实验中的预测结果给出综合结论。针对实验中遇到的疑难问题提出自己的见解，或写出本次实验的收获。定量实验应分析实验误差原因。如果实验失败，请讨论失败的可能原因。还可以对实验方法、教学方法和实验内容等提出意见和建议。

要特别强调的是对于性质实验的实验结果和结果分析要作如下的理解，即从实验现象分析出发生了什么反应？生成了什么物质？为什么会发生反应（这就是解释）？从反应的发生可得到什么结论？切忌用化学反应方程式代替解释！（怎样解释、怎样得出结论见后文）

例如：在一个试管中加 1 滴 $Pb(NO_3)_2$（0.1 mol/L），再滴加 1 滴 KI（0.1 mol/L）溶液，观察实验现象。

在另一试管中滴加 1 滴 $Pb(NO_3)_2$（1×10^{-3} mol/L），再滴加 1 滴 KI（1×10^{-3} mol/L）溶液，观察实验现象。

根据 $K_{sp}^{\ominus}(PbI_2)=8.3\times10^{-9}$，通过计算解释实验现象，计算时应注意体积增大对离子浓度的影响。

第一种情况下：

$$J_1=[c(Pb^{2+})/c^{\ominus}][c(I^-)/c^{\ominus}]^2=0.05\times0.05^2=1.25\times10^{-4}$$

此时，$J_1>K_{sp}^{\ominus}$（PbI_2）。

第二种情况下：

$$J_2=[c(Pb^{2+})/c^{\ominus}][c(I^-)/c^{\ominus}]^2=5\times10^{-4}\times(5\times10^{-4})^2=1.25\times10^{-10}$$

此时，$J_2<K_{sp}^{\ominus}(PbI_2)$。

整个实验报告分三次完成：实验前的预习报告（书写实验步骤等），课堂上记录实验现象或实验数据，课后在预习报告的基础上继续完成实验结果的分析及讨论，此时才是一份完整的实验报告。

实验报告参考格式

普通化学实验大致可分为性质实验、定量测定实验和制备实验三类。现将三种类型的实验报告格式推荐如下，以供参考。

测定实验

实验二 醋酸解离常数的测定

班级________姓名________
实验日期________________

一、实验目的

(1) 了解 HAc 解离常数的测定方法；

(2) 学会 pH 计的使用方法。

二、实验原理（简写）

三、实验仪器和药品

四、实验步骤

1. 不同浓度 HAc 溶液配制

5.00 mL HAc(浓度为 c_1 mol/L)→100.00 mL 容量瓶

10.00 mL HAc(浓度为 c_1 mol/L)→100.00 mL 容量瓶

编号	被稀释溶液		稀释后溶液	
	浓度 $c_1/\mathrm{mol \cdot L^{-1}}$	体积 V_1/mL	浓度 $c_2/\mathrm{mol \cdot L^{-1}}$	体积 V_2/mL
1				
2				
3				

2. 测定 pH 值

(1) pH 计使用注意事项：

(2) 数据记录表：

仪器编号：__________

编号	$c(\mathrm{HAc})/\mathrm{mol \cdot L^{-1}}$	pH 值	$c(\mathrm{H^+})/\mathrm{mol \cdot L^{-1}}$	$K_a^\ominus$	α
1					
2					

(3) 计算过程（以编号 1 为例）：

五、课后问题

六、结果讨论（将实测值与理论值进行比较，分析实验误差产生的原因并给出对策）

元素及化合物性质实验

实验三 酸碱反应和沉淀反应

班级________姓名________
实验日期________________

一、实验目的

(1) 了解水溶液的酸碱反应和沉淀反应中存在的化学平衡及平衡移动规则；

(2) 了解缓冲溶液的配制及其性质；

(3) 了解难溶电解质的多项离子平衡及溶度积规则。

二、实验原理（简写）

三、实验仪器和药品

四、实验内容

一般实验：

实验步骤	现象	反应式	解释或结论
HAc(0.1 mol/L)5 滴+ 甲基橙 1 滴+ 少量 NaAc(s)	红色溶液 红色→黄色	$HAc \rightleftharpoons H^+ + Ac^-$	甲基橙变色范围在 pH3.1~4.4。0.1 mol/L HAc 的 pH<3.1，故呈红色。加入 Ac^- 后，由于同离子效应，HAc 解离度减小，使溶液 pH>4.4，故呈黄色
2 滴 $PbCl_2$(饱和)+ HCl(2 mol/L)+ 浓 HCl ⋮ ⋮ 预习时写	白色沉淀生成 沉淀溶解 ⋮ ⋮ 课上记录	$Pb^{2+} + 2Cl^- \rightleftharpoons PbCl_2(s)$ $PbCl_2(s) + 2Cl^- \rightleftharpoons [PbCl_4]^{2-}$ ⋮ ⋮ 预习时写	沉淀生成是由于同离子效应使 $PbCl_2$ 的溶解度降低。 沉淀溶解是由于发生配位反应。 结论：Cl^- 既是沉淀剂又是配位剂。 ⋮ 课后完成

五、课后问题

六、结果讨论

制备实验

实验七　硫酸铜的提纯

班级________姓名________
实验日期________________

一、实验目的（简写）
二、实验原理（简写）
三、实验仪器和药品
四、制备流程图

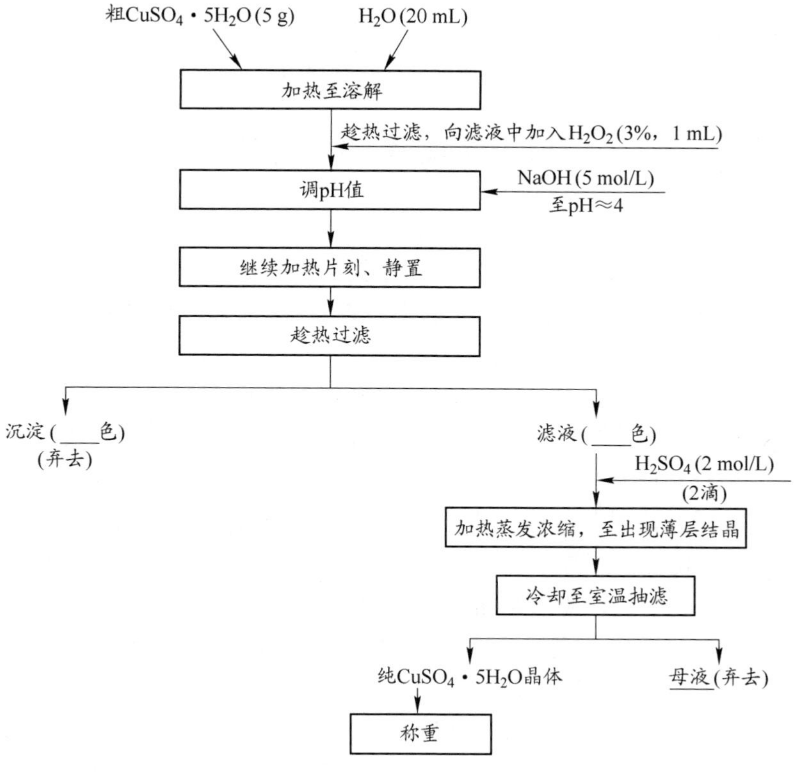

五、记录
六、产量 g，产率=(纯 $CuSO_4$ 质量/粗 $CuSO_4$ 质量)×100%
七、计算过程
八、课后问题
九、结果讨论（将实测值与理论值进行比较，分析实验误差产生的原因并给出对策）

实验成绩评定

（1）预习情况，是否按照预习要求做了，如计算某反应的平衡常数，查出并记录电对的电极电势等；

（2）实验中对基本操作、基本技术的掌握；

（3）实验过程中综合能力、科学品德和科学精神考查（如是否认真、正确地操作，卫生情况等）；

（4）原始数据的记录（及时、正确）、数据处理的正确性及有效数字等，实验报告的书写及完整性；

（5）实验结果（合理的产量和产品纯度，实验现象的观察和准确描述，测定结果的准确性和精密度等）。

注：根据实验类型的不同，评定重点的不同给分。

1.3 实验室学生守则

（1）严格遵守实验室各项规章制度。

（2）实验前认真清点仪器。如发现破损或缺少，应立即报告教师，按规定手续向实验室补领。实验时仪器如有损坏，应按规定手续向实验室换取新仪器，不得擅自拿用其他位置上的仪器。

（3）实验时要爱护公物，小心使用实验仪器和设备，不得擅自拆装或挪动实验仪器。尤其在使用精密仪器时，必须严格按照操作规程进行。如发现仪器有故障，应立即停止使用并报告指导教师，以便及时妥善处理。

（4）实验时要注意节约水、电、药品。药品应按规定量取用，从试剂瓶中倒出的药品不应再倒回原瓶中，以免带入杂质。取用试剂后，应立即盖好瓶塞，并将试剂瓶放回原处，以免搞错瓶塞，污染试剂。

（5）实验室应保持肃静，不得大声喧哗；实验时应积极思考，认真操作，仔细观察现象，如实记录实验结果。

（6）实验完毕后，应将所用的仪器洗净并摆放整齐。火柴梗、废纸等废弃物应扔到废物箱，严禁投入水池内，规定回收的废液一定要倒入回收容器内，不得随意乱倒。严禁将实验仪器和化学药品带出实验室。

（7）实验结束时，由同学轮流值日，打扫和整理实验室，检查门窗、自来水和煤气开关是否关紧，电源是否切断。得到指导教师签字许可后方可离开实验室。

1.4 实验室安全管理规定

危险化学品为具有毒害、腐蚀、爆炸、易燃、感染、放射性等危险特性，在运输、贮存、生产、经营、使用和处置过程中，容易造成人身伤亡、财产损毁或环境污染而需要特别防护的物品。化学实验课经常会使用危险化学品。因此，为保证安全，首先要求每个同学在思想上高度重视安全问题，实验前充分了解有关安全方面的知识，实验时要有条有理，井然有序，严格遵守安全操作规程，以避免事故的发生。

（1）盛有药品的试剂瓶应有标签标明瓶内物质和浓度等相关信息，危险化学品必须制定保管和使用制度，并严格遵守。此类药品应设专柜并加锁保管。挥发性有机药品应放在通风良好的处所。爆炸性药品，如高氯酸、高氯酸盐、过氧化氢等，应放在防爆冰箱或防爆铁柜内单独保管，不得与其他易燃物放在一起，移动或使用时不得剧烈震动、摩擦和撞击。高压气瓶由固定架固定牢固，远离火源和热源，有气体泄漏报警装置，氧气的减压阀严禁油脂污染。

（2）严禁任何试剂入口，严禁将玻璃仪器当作餐具使用，严禁在实验室内饮食、抽烟。实验室内所有化学药品严禁带出实验室！危险化学品不得接触皮肤和伤口。用移液管吸取样品溶液时，应用吸耳球操作，不得用嘴。实验中产生的试剂废液不允许随便倒入下水管道，应回收集中处理。

（3）产生有毒、有刺激性气体（如 H_2S、Cl_2、Br_2、NO_2、CO 等）的实验以及使用 HNO_3、HCl、$HClO_4$、H_2SO_4 等浓酸或氨水等易挥发性药品时，应在通风橱内进行。当需要嗅闻气体的气味时，严禁用鼻子直接对着瓶口或试管口，而应当用手轻轻扇动瓶口或管口，并保持适当距离进行嗅闻。

（4）开启易挥发的试剂瓶时（尤其在夏季），不可使瓶口对着他人或自己的脸部，因为开启瓶口时会有大量气体冲出，如果不小心容易引起伤害事故。

（5）使用浓酸、浓碱、溴、洗液等具有强腐蚀性试剂时，切勿溅在皮肤和衣服上，务必戴上防护眼镜和橡胶手套。稀释浓硫酸时，必须在耐热容器内进行，应将浓硫酸慢慢倒入水中，而不能将水往浓硫酸里倒，以免迸溅。溶解 NaOH、KOH 等发热物时，也必须在耐热容器内进行。如需要将浓酸和浓碱中和时，必须先行稀释。

（6）使用易燃的有机试剂（如乙醇、丙酮等）时，必须远离火源，用完立即盖紧瓶塞。

（7）加热和浓缩液体的操作应十分小心，不能俯视正在加热的液体，更不能将正在加热的试管口对着自己或别人，以免液体溅出伤人。浓缩溶液时，特别是有晶体出现之后，要不停地搅拌，避免液体迸溅，溅入眼睛或溅在皮肤和衣服上。

（8）实验中如需加热易燃药品或用加热的方法排除易燃组分时，应在水浴或电热板上缓缓地进行，严禁用电炉或火焰等明火直接加热。

（9）加热试管应使用试管夹，不允许手持试管加热。加热至红热的玻璃器件（玻璃棒、玻璃管、烧杯等）不能直接放在实验台上，必须放在石棉网上冷却。由于灼热的玻璃与冷玻璃在外表上没有什么区别，因此特别注意不要错握热玻璃端，以免烫伤。

（10）对于性质不明的化学试剂，严禁任意混合。严禁氧化剂与可燃物一起研磨，严禁在纸上称量 Na_2O_2 或性质不明的试剂，以免发生意外事故。

（11）玻璃管（棒）的切割，玻璃仪器的安装或拆卸，塞子钻孔等操作，往往容易割破手指或弄伤手掌，应按照安全使用玻璃仪器的有关操作规程去做。玻璃管或玻璃棒在切割后应立即烧圆，往玻璃管上安装橡皮管时，应先用水或甘油浸润玻璃管，再套橡皮管。玻璃碎片要及时清理，以防止事故的发生。

（12）实验室所有仪器及药品均不得携出室外，违反者将按照学校相关规定处罚。

（13）实验完毕后，应关闭水、电、煤气，整理好实验用品，把手洗净，实验结果经指导教师签字确认后方可离开实验室。

1.5 实验室应急预案

实验室常见的外伤有切割引起的外伤，加热灼烧引起的烫伤，化学药品等引起的腐蚀，灼烧性伤害，爆炸引起的伤害等。制定强腐蚀（如浓硫酸等）化学药品试剂安全使用规则及高温、低温实验操作规程。实验中一旦发生意外事故，应积极采取以下措施进行救护。

1.5.1 化学伤害

1.5.1.1 酸烧伤

若皮肤沾上酸液，立即用大量水冲洗即可。如果是硫酸，应该立即用吸收棉将酸液吸取干净后，再用水冲洗。如果烧伤较重，水冲洗之后应用饱和 $NaHCO_3$ 溶液冲洗，然后再用水冲洗并涂抹凡士林油膏。若酸液溅入眼内，应立即用大量水冲洗，冲洗时水流不要直射眼球，也不要揉搓眼睛，冲洗后再用 2%$Na_2B_4O_7$ 溶液或 3%$NaHCO_3$ 溶液洗眼，最后用蒸馏水冲洗。临时处理后应立即送医院救治。

1.5.1.2 碱烧伤

若皮肤沾上碱液，可用大量清水冲洗，直至无滑腻感，再用稀 HAc、2%硼酸溶液冲洗伤处之后，再用水冲净，并涂敷硼酸软膏。若碱液溅入眼内，立即用大量水冲洗，再用 3%H_3BO_3 溶液淋洗，最后用蒸馏水冲洗。CaO 的灼烧伤，可用任一植物油洗涤伤口。

1.5.1.3 氯化锌、硝酸银

先用水冲，再用 50 g/L $NaHCO_3$ 漂洗，涂油膏及磺胺粉。

1.5.1.4 吸入刺激性或有毒气体

气体、蒸汽、烟雾及粉尘（如 CO、HCN、Cl_2、酸雾、NH_3 等）通过呼吸道进入人体，引生中毒事故。应立即用湿毛巾捂住嘴、鼻，将中毒者从中毒现场转移至通风清洁处，采用人工呼吸、催吐等急救方法帮助中毒者清除体内毒物，并及时送医务人员治疗，必要时拨打 120 急救电话。在采取保护措施下关闭气体泄漏源，通过开窗自然通风或机械排风、减轻或消除环境中有毒物质的浓度，保护好现场。

1.5.1.5 误食毒物

误食毒物，必须催吐、洗胃、再服用解毒剂。催吐时可喝少量（一般 15~25 mL，最多不超过 50 mL）1% $CuSO_4$ 或 $ZnSO_4$ 溶液，内服后，用手指伸入咽喉部，促使呕吐，吐出毒物，然后立即送医院治疗。

1.5.1.6 汞水银温度计

打破汞水银温度计致使汞滴落或其他不慎使汞洒落时，应立即用蘸水或凡士林的毛刷将汞滴集中到一块儿，再用吸管或拾汞棒将微小的汞滴吸起，然后在洒落汞的实验台面或地面撒硫黄粉并用力压磨（让其生成硫化汞），覆盖一段时间后再清扫。

1.5.2 其他伤害

1.5.2.1 热烫伤

烫伤后，可先用冷水冲洗降温，用药棉浸润浓（90%~95%）的酒精溶液轻涂伤处，然后涂上烫伤膏、万花油或凡士林油。如起水泡，不要弄破，防止感染。烫伤严重的应送医院治疗。

1.5.2.2 烧伤

对于高、低温烧、灼伤后，消毒包扎或及时送医处理。实验室都有紧急喷淋装置。如果烫伤或烧伤面积超过人体面积的 1/3 时，必须立即送医院治疗，患者身体损失大量的水分，因此要给受伤者饮温热的饮料或盐开水，以防休克。

1.5.2.3 割伤

被玻璃割伤时，伤口内若有玻璃碎片，须先挑出，然后用消毒棉棒清洗伤口，或用碘酒消毒，并用创口贴或绷带包扎。若伤口大量出血，应在伤口上部包扎止血带止血，避免流血过多，并立即送医院救治。

1.5.3 触电

制定用电设备使用规则，定期检查线路、电器安全情况，设置漏电保护装置。一旦发生人员触电情况，立即切断电源（拉闸刀开关、拔保险丝盖、拉插头），切勿试图关上漏电电器用具的开关，可能正是该开关漏电。若离电源控制箱较远或无法切断电源，可先用木柄刀或电工胶钳斩（剪）断电路，然后再切断电源，或用绝缘体（如干竹竿、玻璃、橡胶、陶瓷等）拨动触电者和漏电电器分离。触电者脱离电源后，应抬到空气新鲜处，如情况不严重，可在短期内自行恢复知觉。若已经停止呼吸，应立即解开上衣，进行人工呼吸或同时给氧，并及时送医院救治。

1.5.4 消防

应以防为主。万一不慎起火，切不要惊慌，只要掌握灭火的方法，就能迅速把火扑灭。失火以后，应立即采取如下措施：

（1）防止火势蔓延。

1）关闭酒精灯或者是电炉等起火设备，停止加热。

2）拉开电闸。

3）把一切可燃物质（特别是有机物质，易燃、易爆物质）移到远处。

（2）灭火。

物质燃烧需要空气和一定的温度，所以通过降温或者将燃烧物质与空气隔绝，就能达到灭火的目的。

讲到灭火，大家很自然地会想到水，它来源丰富，使用方便，水使燃烧区的温度降低而灭火。但化学实验室有其特殊的地方，例如，水能和某些化学药品（如金属钠）发生剧烈反应，从而导致更大的火灾。又如某些有机溶剂（如苯、汽油）着火时，因它们与水互不相溶，又比水轻。故会浮在水面上。水不仅不能灭火，反而使火场扩大。在这种情况下应用沙土和石棉布灭火。实验室常备的灭火器材有沙箱、灭火毯（石棉布或玻璃纤维布）、灭火器（泡沫、二氧化碳、干粉）等种类。

泡沫灭火器的药液成分是碳酸氢钠和硫酸铝。用灭火器喷射起火处，泡沫把燃烧物包住，使燃烧物质隔绝空气而灭火，此法不适用于电线走火引起的火灾。

二氧化碳灭火器，内装液态二氧化碳，是化学实验室最常使用，也是最安全的一种灭火器。二氧化碳灭火器适用于油脂和电器的灭火，但不能用于金属灭火。

干粉灭火器一般分为 BC 干粉灭火剂（碳酸氢钠等）和 ABC 干粉（磷酸铵盐等）两大类。干粉灭火器适用于油类、可燃气体、电器设备等不能用水扑灭的火焰。

四氯化碳灭火器适用于电器失火，但是禁止用于扑灭 CS_2 的燃烧，否则会产生光气一类的有毒气体，CS_2 的燃烧可用水、二氧化碳或泡沫灭火器扑灭。

1211 灭火器主要成分为二氟一氯一溴甲烷，灭火效果较好，主要用于油类、有机溶剂、高压电器设备、精密仪器等的着火。

注意：油类、电线、电器设备、精密仪器等着火时，严禁用水灭火，以防触电，或油随水漂流，扩大燃烧面积。当身上衣服着火时，应立即脱下衣服，或就地卧倒打滚，或用防火布覆盖着火处，或者使用紧急喷淋灭火。扑救蒸气有毒的化学品引起的火灾时，要特别注意防毒。

2 普通化学实验基本知识与基本操作

2.1 常用玻璃仪器的洗涤和干燥

2.1.1 化学实验常用的仪器

普通化学实验中经常使用的仪器大部分是玻璃制品和一些瓷质类器皿。玻璃仪器按玻璃性能分为可加热的（如各类烧杯、烧瓶、锥形瓶、试管等）和不能加热的（如试剂瓶、量筒、容量瓶等），按用途分为容器类（如试剂瓶、烧杯等）、量器类（如移液管、滴定管、容量瓶等）以及特殊用途类（如漏斗、干燥器等）。瓷质类器皿包括蒸发器、布氏漏斗、瓷坩埚、瓷研钵等。

普通化学常用实验仪器如表 2-1 所示，它们的使用方法将在以后各章节中加以详细介绍。

表 2-1 普通化学常用实验仪器

仪　器	规　格	主要用途	注意事项
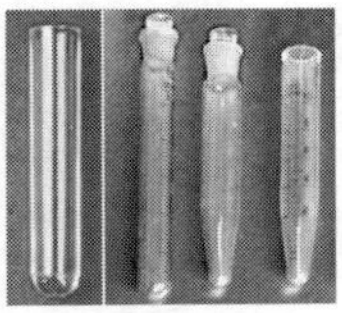 试管、离心试管	分为普通试管和离心试管，规格以试管口外径（mm）×长度（mm），或其容积（mL）表示，离心试管以其容积（mL）表示	普通试管和离心试管可用作少量试剂的反应器，便于操作和观察。离心试管还可用于定性实验中的沉淀分离	可以加热至高温，但不能骤冷。加热时管口不能对人，且要不断移动试管，使其受热均匀。盛反应液体不能超过其容量的 1/2
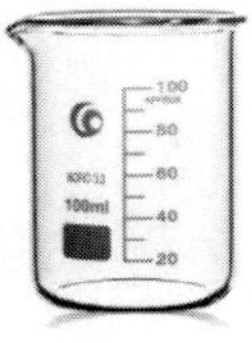 烧杯	材质有玻璃和塑料的，规格以容积（mL）表示，如 1000 mL、400 mL、250 mL、100 mL 和 50 mL 等	常温或加热条件下用作反应容器，反应物易混合均匀，也可用来配置溶液或蒸发溶液	放到电炉上加热之前需将外杯壁擦干，明火电炉需要使用石棉网使受热均匀。使用时液体不得超过烧杯容量的 2/3
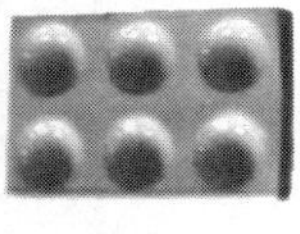 点滴板	瓷质，分白色、黑色，十二凹穴，九凹穴，六凹穴等	用于点滴反应，尤其是显色反应	白色沉淀用黑色板，有色沉淀或者溶液用白色板

续表 2-1

仪　器	规　格	主要用途	注意事项
 滴瓶	有无色和棕色之分，规格以容积（mL）表示，如125 mL、60 mL和30 mL等	用于盛少量液体试剂或溶液	见光易分解的或不太稳定的试剂用棕色试剂瓶盛装，碱性试剂要用带橡皮塞的滴瓶，但不能长期盛放浓碱液
 广口瓶　细口瓶	有玻璃和塑料材质的，有无色和棕色、磨口和不磨口的，规格以容积（mL）表示，如1000 mL、500 mL、250 mL、125 mL等	细口瓶盛放液体试剂，广口瓶盛放固体试剂	不能加热，取用试剂时，瓶盖倒放在桌上，不能弄脏、弄乱。碱性物质要用橡皮塞，稳定性差的物质要用棕色瓶
 洗瓶	一般为塑料的，规格以容积（mL）表示，例如500 mL	用蒸馏水或去离子水洗涤沉淀和容器时使用。塑料瓶使用方便、卫生，故广泛使用	洗瓶不能加热
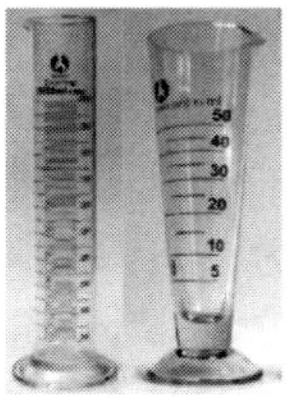 量筒和量杯	材质有玻璃和塑料的，规格以其最大容积（mL）表示，如100 mL、50 mL、10 mL和5 mL等	量取一定体积的液体用（准确度不高）	不能直接加热，读数时应使眼睛的视线和量筒的刻度线平齐，读取液体内弯月面的最低点水平与刻度线相交处的刻度
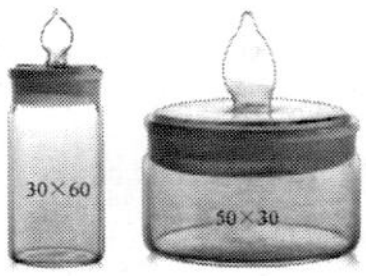 称量瓶	分扁形和高形，规格以外径（mm）×高（mm）表示，如高形25 mm×40 mm，扁形50 mm×30 mm	可以直接在天平上精确称量试样或基准物的容器，一般扁形用作测定水分或干燥基准物质，高形用于称量基准物质或样品	称量操作时应盖紧磨口塞，防止瓶中试样吸空气中的水分，不可盖紧磨口塞烘烤，磨口塞要原配套，不得互换。保存在干燥器中
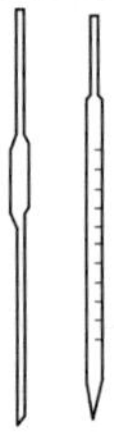 移液管吸量管	规格以其最大容积（mL）表示，吸量管，如10 mL、5 mL、2 mL和1 mL等；移液管，如50 mL、25 mL、20 mL和10 mL等	用于精确量取一定体积的液体	移液管与容量瓶配合使用，因此，使用时常用作两者的相对体积的矫正。为了减少测量误差，吸量管每次都应从最上面刻度起往下放出所需液体

续表 2-1

仪 器	规 格	主要用途	注意事项
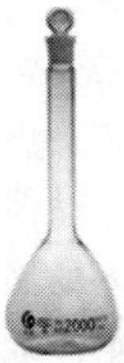 容量瓶	规格以刻度以下的容积（mL）表示大小。如 1000 mL、500 mL、250 mL、100 mL、50 mL 和 25 mL 等	用来配置准确浓度的溶液	不能受热，不能储存溶液，不能在其中溶解固体，瓶塞与瓶是配套的，不能互换
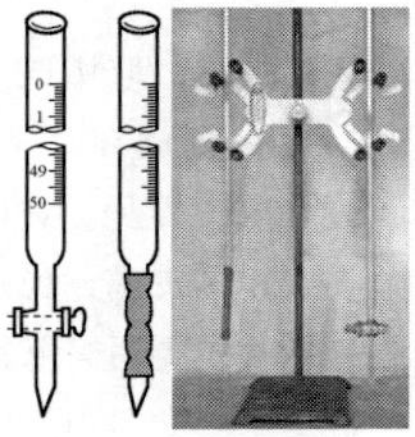 滴定管	滴定管分碱式、酸式和酸碱通用式，酸式滴定管为玻璃活塞，酸碱通用式滴定管为聚四氟塞。颜色有无色和棕色。规格以最大容积（mL）表示，如 50 mL、25 mL 等	滴定或量取准确体积的溶液时使用，滴定管架用于夹持滴定管	碱式滴定管盛碱式溶液或还原性溶液，酸式滴定管盛酸性溶液或氧化性溶液。碱式滴定管不能盛放氧化剂。见光易分解的滴定液宜用棕色滴定管
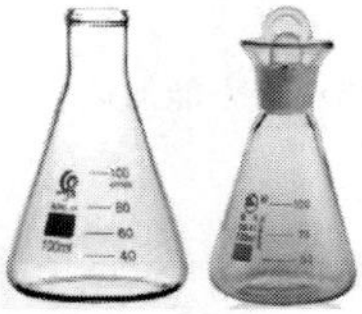 锥形瓶	锥形瓶分具塞（又称碘量瓶）和无塞两类，规格以容积（mL）表示，如 500 mL、250 mL 和 150 mL 等	反应容器，振荡方便，适用于滴定操作或作接收器	盛液体不能太多，可以直接加热
 研钵	以铁、瓷、玻璃和玛瑙制作，规格以口径大小（cm）表示，如 100 cm、80 cm 等	用于研磨固体物质	不能用于加热，按固体的性质和硬度选用不同的研钵。放入量不宜超过容积的 1/3
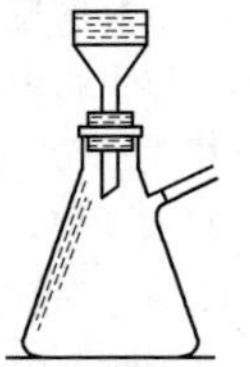 布氏漏斗和吸滤瓶	布氏漏斗材质为瓷质，规格以直径（cm）表示，如 8 cm 和 6 cm 等。吸滤瓶为玻璃制品，规格以容积（mL）表示，如 500 mL、250 mL 等。两者配套使用	用于减压过滤	不能直接加热，滤纸要略小于漏斗的内径。使用时先开抽气泵，后过滤；过滤完毕，先拔掉抽滤瓶接管，后关抽气泵
 表面皿	规格以口径（cm）大小表示，如 8 cm 和 6 cm 等	盖在烧杯上防止液体迸溅或作其他用途	不能用火直接加热，直径要略大于所盖容器

续表 2-1

仪 器	规 格	主要用途	注意事项
 干燥器	材质有玻璃和塑料的，型号有普通干燥器和真空干燥器，颜色有透明和棕色。以外径（mm）表示大小，如 18 cm 和 12 cm 等。内放干燥剂	保持物品干燥	防止盖子滑动打碎，热的物品待稍冷后才能放入。盖的磨口处涂适量凡士林，干燥剂要及时更换
 漏斗	型号分长颈和短颈，规格以口径（mm）大小表示，分 90 mm、60 mm 和 40 mm 等	用于过滤操作	不能用火直接加热
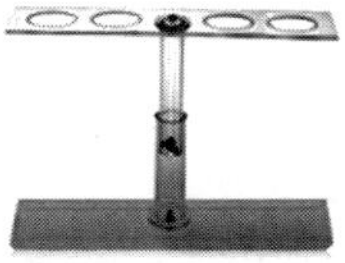 漏斗架	材质有木头、金属或塑料，有螺丝可固定于支架上，可移动位置，调节高度	过滤时盛放漏斗用	固定漏斗板时，不要把它倒放
 蒸发皿	材质有瓷、铂、石英等，分有柄和无柄，规格以容积（mL）表示，如 125 mL、100 mL 和 35 mL 等；或以皿口（cm）大小表示	蒸发和浓缩液体用，还可以作为反应器用，耐酸、碱，可以直接加热	可耐高温，可直接加热，但高温时不能骤冷。随液体性质不同可选用不同质地的蒸发皿
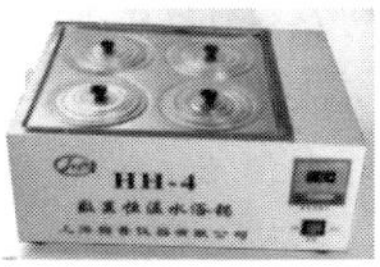 水浴锅	不锈钢制品	用于间接加热，也可以用于粗略控制温度试验	所选择的圆环正好使加热器皿浸入锅中 2/3。不要让锅里的水烧干，用完后应将锅擦干保存
 熔点测定管（b 形管）	规格以口径（mm）大小表示	用于测定固体化合物的熔点	所装液体的液面应高于上支管处
 坩埚	材质有瓷、石英、铁、镍、铂等。规格以容积（mL）表示，如 100 mL、50 mL 和 30 mL 等	用于灼烧试剂，可直接加热或者放在马弗炉里高温灼烧	一般忌骤冷、骤热，依试剂性质选用不同材质的坩埚

续表 2-1

仪　器	规　格	主要用途	注意事项
 泥三角	有大小之分	支撑灼烧坩埚、蒸发皿、石棉网等	
 石棉网	有大小之分	支撑受热器皿	不能与水接触
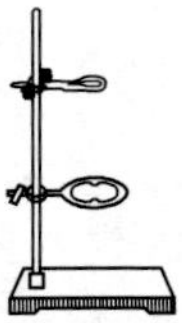 铁架台	铁制品	配合万用夹和铁圈用于固定或放置容器	
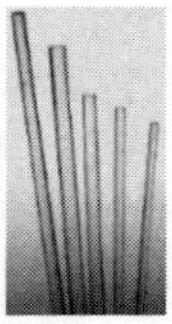 玻璃棒	规格以长度（cm）表示	用来搅拌溶液或协助倾出溶液	插在烧杯中，应比烧杯长出 4 ~ 6 cm，太长容易使重心偏离而将烧杯压翻，太短则操作不方便。棒的两端应烧熔光滑，防划伤烧杯及皮肤
 药勺	牛角、塑料、瓷或玻璃制品	取固体样品用	依样品性质或取量大小选用不同材质及大小的药勺
 吸管	材质有玻璃和塑料	用于液体样品的吸取或滴加	专管专用
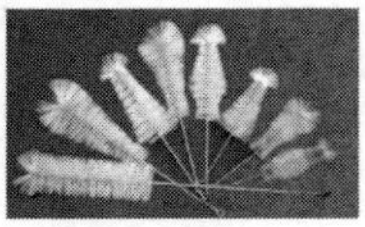 毛刷	有大小、形状、用途之分，如试管刷、烧杯刷	用于刷洗烧杯、试管等器皿	注意毛刷顶部要有毛刷，防止顶破仪器

续表 2-1

仪　器	规　格	主要用途	注意事项
 试管架	有木质、铝制或塑料制，形状及大小各异	用于放置试管	
 试管夹	竹制、木制，有金属丝（钢或铜）制品，形状各不相同	夹持试管用，加热试管时避免烫手，便于控制试管	夹在试管上端 1/3 处
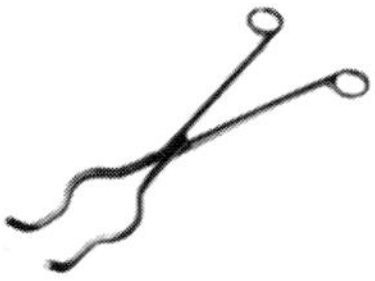 坩埚钳	铁或铜合金制，表口镀镍或铬	夹取热蒸发皿、坩埚及坩埚盖等	不用时应钳端向上
 酒精灯	玻璃制，规格以容积（mL）表示，如 250 mL 等	用于加热	酒精量不超过容积的 2/3，不能直接加热易燃试样
 电热板	以电热板的功率（W）表示，如 2000W、1500W 和 1000W 等	用于加热	因升温慢，提前预热，注意用电安全，不能直接加热易燃样品
 三脚架	铁质，有大小、高矮之分	放置较大或者较重的加热容器	依加热规格选用
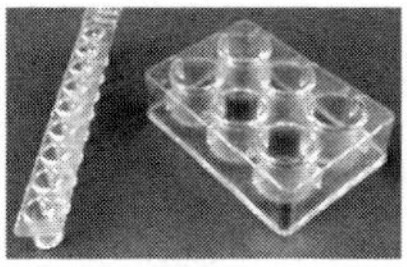 井穴板	透明的聚苯二烯或有机玻璃制，按孔数分类，如 6 孔板、9 孔板	兼有微型实验的烧杯、试管、点滴板、试剂储瓶和比色管等功能	不能直接用火加热，水浴加热温度不宜高于 80 ℃，一些能与制备材料反应的物质不得注入其中，如芳香烃、四氢呋喃、二甲基酰胺或酯类等，但烷烃、醇类、油等可以放入

2.1.2 玻璃仪器的洗涤

化学实验所用的玻璃仪器是否“干净”，往往会影响实验结果。此处“干净”具有纯净的含义。检验玻璃仪器是否洗干净的标准：将仪器倒置，仪器透明且内壁不挂水珠。每位同学都应重视仪器的洗涤工作。

常规洗涤方法是先将要洗的仪器用水润湿（水不能多），滴入少量洗涤剂，然后用毛刷来回刷洗，待仪器的内外壁都经过仔细的刷洗后，用自来水冲去仪器内外的洗涤剂，要冲洗到没有洗涤剂为止。最后，用少量去离子水或蒸馏水润洗仪器三次以上，把由自来水中带入的钙、镁、氯等离子洗去。注意：根据“少量多次”的洗涤原则，每次的去离子水和蒸馏水用量都应少一些。这样洗过后的仪器的器壁就完全干净了。

洗涤仪器的洗涤剂很多，应根据实验的要求、污物的性质和沾污的程度来选择。一般来说，附着在仪器上的污物有可溶性物质，尘土和其他不溶性物质，油污和有机物。可分别采用下列洗涤剂：

（1）用水刷洗。适用于洗去仪器上只沾有尘土和可溶性的物质，用毛刷直接就水刷洗。用毛刷刷洗的仪器主要是口大、便于毛刷刷洗操作的仪器，如烧杯、锥形瓶、表面皿、漏斗、试管等。

（2）用洗洁精或合成洗涤剂洗涤。可用于洗涤沾有不溶性污物、油污和有机物的无精确刻度的仪器，如烧杯、锥形瓶、量筒等。

（3）用铬酸洗液（简称洗液）洗。在进行精确的定量实验时，对仪器的洁净程度要求很高，所用仪器要求精度高，不能使用毛刷刷洗，这时用洗液洗。铬酸洗涤液配置方法：取一个耐热容器，将4 g重铬酸钾加入4 mL水溶解，慢慢倒入100 mL浓硫酸，搅拌均匀即成。

洗液是重铬酸钾在浓硫酸中的饱和溶液，具有强酸性、强氧化性，对有机物和油污的去污能力特别强，能把仪器洗干净，但对衣服、皮肤、桌面、橡皮等的腐蚀性也很强，使用时要特别小心。适用于有油污的精确的测量仪器或口小管细的仪器，如容量瓶、移液管、滴定管等。洗涤时先往仪器内加入容器体积1/3的洗液，然后边倾斜边慢慢转动仪器，让仪器内壁全部为洗液浸润，转几圈后，将洗液倒回原瓶中，然后用少量自来水把仪器壁上残留的洗液洗去，前三次的漂洗液要回收收集，用自来水洗至无Cr(Ⅵ)的黄色为止，最后用少量蒸馏水或去离子水润洗三次以上。如果用洗液把仪器浸泡一段时间，或者用热的洗液则效率更高。洗液的吸水性很强，使用后应随手把装洗液的瓶子盖好，以防吸水，降低去污能力。洗液可以反复使用，用后即倒回原瓶内。当洗液的颜色由原来的深棕色变为绿色，即Cr(Ⅵ)被还原为Cr(Ⅲ)时，洗液即失效而不能使用。

能使用（1）（2）所述洗涤方法洗涤干净的仪器，就不要用铬酸洗液洗，因为铬酸洗液中的 Cr(Ⅵ) 有毒，会带来严重的污染，故洗液尽量少用，漂洗液和废洗液都要回收作为废液处理。

（4）用浓盐酸（粗）可以洗去附着在器壁上的氧化剂，如二氧化锰。大多数不溶于水的无机物都可以用它洗去，如灼烧过沉淀物的瓷坩埚，可先用热盐酸（1∶1）洗涤，再用洗液洗。

（5）玻璃仪器还可用超声波清洗器清洗。

除上述洗涤方法外，还可以根据污物的性质选用适当的试剂。如 AgCl 沉淀，可以选用氨水洗涤；硫化物沉淀可选用硝酸加盐酸洗涤；还可用双氧水洗涤二氧化锰；草酸溶液可以洗涤铁锈等。

洗净后的仪器不能再用布或纸去擦拭，否则，布或纸的纤维会留在器壁上而沾污仪器。

在定性、定量试验中，由于杂质的引进会影响实验的准确性，对仪器洁净程度的要求较高。但有些情况下，如一般的制备性质实验或者药物本身很脏，这时对仪器洁净程度要求不高，仪器只要洗刷干净，不必要求不挂水珠，也不必用蒸馏水荡洗。应根据实际情况决定洗涤的程度。

2.1.3 玻璃仪器的干燥

实验用的仪器除要求洗净外，有些实验还要求仪器干燥，不附有水膜。干燥的方法有以下几种：

（1）晾干。不等急用的仪器在洗净后可以放在仪器架上，任其自然晾干。

（2）用有机溶剂干燥。用丙酮、乙醇等易挥发的有机溶剂快速干燥。带有刻度的计量仪器（如移液管、吸量管、容量瓶等），不能用加热的方法进行干燥，因为加热会影响仪器的精密度。可以将少量易挥发的有机溶剂（最常用的是乙醇或乙醇和丙酮 1∶1 的混合物），加到洗净的仪器中，把仪器倾斜并转动，使器壁上的水和有机溶剂相互溶解、混合，然后倒出有机溶剂，少量残留在仪器中的混合物很快挥发而干燥。如用电吹风往仪器中吹风，则干得更快。但用有机溶剂洗后的仪器，不能用烘箱等明火烘、烤，以免发生火灾或损坏仪器。

（3）烤干。一些常用的烧杯、蒸发皿等放在电热板上，用小火烤干。试管可以用试管夹夹住后，用酒精灯加热烤干，操作时把试管口向下，以免水珠倒流，炸裂试管，烘烤时应不断来回移动试管；烤到不见水珠后，再将管口朝上，赶尽水汽。

（4）烘干。洗净的玻璃仪器（不包括精度高的容量仪器，例如移液管和容量瓶）可以放在电烘箱内，控制在 150 ℃左右烘干。仪器放进烘箱前应尽量把水倒净，放时应使仪器口朝下，并在烘箱的最下层放一个搪瓷盘，防止容器上滴下的水珠落入电热丝中，烧坏烘箱。

2.2 试管实验常用仪器及其使用

2.2.1 常见仪器

试管实验常用仪器从材质上可以分为玻璃和塑料的；从颜色上可分为白色的（即无色的）和棕色的，棕色的试剂瓶用于盛装需避光保存的试剂。化学试剂瓶应贴有标签，注明瓶内药品的名称和浓度，无标签的化学试剂不得随便使用，以免发生危险。

（1）滴瓶、细口瓶和下口瓶。一般是用来盛装液体试剂的。这类试剂瓶从材质上可以分为玻璃和塑料的；从瓶口上还可分为磨口的和不磨口的，磨口试剂瓶的塞子是配套的，为保证瓶口的严密性，瓶塞不可随意调换，磨口试剂瓶不宜盛装碱性和易结晶的试剂（如盐类浓溶液），如装上这类试剂，由于试剂与玻璃反应或试剂的结晶使塞子固住而不易打开。如果磨口瓶长期不使用，为防止上述情况，需将瓶口和塞子间，衬上一张纸条。不磨口的试剂瓶常用于盛装碱性试剂或者浓的盐溶液，瓶口配以橡皮塞或软木塞。

（2）广口瓶。一般用于盛装固体药品。

（3）试管和试管夹。试管和试管夹是做元素和化合物性质实验最常用的仪器。试剂的取量一般不应超过试管体积的 1/3，否则会影响操作。

（4）药匙和镊子。用于取固体药品。

（5）酒精灯。在实验室的加热操作中，可使用酒精灯、酒精喷灯、煤气灯和电炉等，酒精灯是最常用的加热装置（本节先介绍酒精灯的使用，其他加热器具的使用放在后面讲述）。酒精灯由灯壶、灯芯和灯罩三部分组成（图 2-1）。使用酒精作加热燃料，通常温度可达 400~500 ℃。

图 2-1　酒精灯

使用酒精灯时应注意以下几点：

1）灯内酒精不可装得太满，以灯壶容量的 2/3 为宜，以免移动时酒精洒出或点燃时受热膨胀而溢出，造成火灾。

2）点燃酒精灯时要用火柴引燃，切勿用已点燃的酒精灯直接对着去点燃别的酒精灯。熄灭酒精灯时，不能用嘴吹，可将灯罩盖上，待火焰熄灭后再提起灯罩，等灯口稍冷再盖上灯罩，这样可防止灯口破裂（图 2-1）。

3）酒精灯连续使用的时间不可过长，避免火焰使酒精灯本身灼热后，灯内酒精大量汽化形成爆炸混合物。

4）不用时，必须将灯罩盖好，以免酒精挥发。

（6）坩埚、坩埚钳和泥三角。坩埚的种类很多，根据材质分为瓷坩埚、铁坩埚、白金坩埚、银坩埚、镍坩埚、刚玉坩埚等。根据反应物的性质和反应的条件选用合适材质的坩埚，通常使用的是瓷坩埚。试管实验中，当需要固体试剂在高温下反应时，可把固体试剂放在坩埚中，将坩埚架在泥三角上，用火焰直接加热，见图 2-2。如需要搅拌固体时，应用坩埚夹紧坩埚，以防止坩埚翻倒。从火焰上取下的坩埚不能直接放在实验台上，应放在石棉网上，以免坩埚炸裂或烧坏桌面。坩埚钳是用来夹取坩埚的，必须使用干净的坩埚钳。用前先在火焰旁预热一下钳的尖端，然后再去夹取。坩埚钳用完后，应按图 2-2 所示，尖端向上平放在桌上，保证坩埚钳尖端洁净。

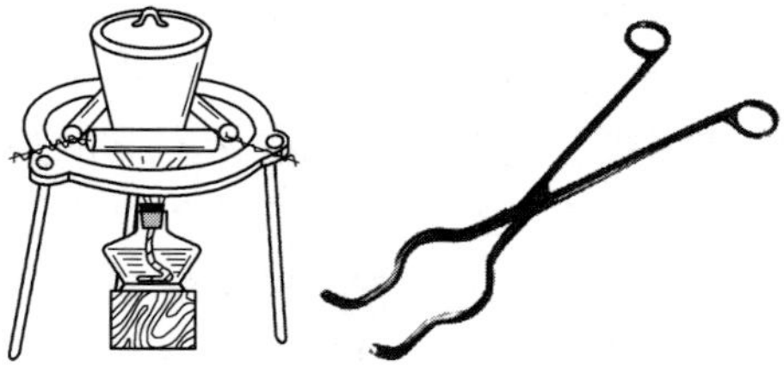

图 2-2　坩埚和蒸发皿装置

2.2.2　液体药品的取用

2.2.2.1　滴管的正确使用

正确的使用方法如下：

（1）捏滴管的胶帽，排空气。

（2）将滴管伸入所吸液体中。

（3）放开手指，即吸入。

（4）取出滴管悬空放置在被滴入的容器口上方。

（5）滴入。

使用中应注意：

（1）滴管管尖不得插入试管中，以免试管壁上的液体沾污滴管（图 2-3）。

（2）滴管使用完毕应立即插回原瓶中，不得插错。

(3) 滴管吸入溶液后，不允许平放和倒过来拿，以免溶液流入滴管的胶帽中，腐蚀胶帽，污染试剂。

(4) 如使用滴瓶直接倒取溶液时，应将滴管夹在食指和中指之间，不得随便放在实验台上。

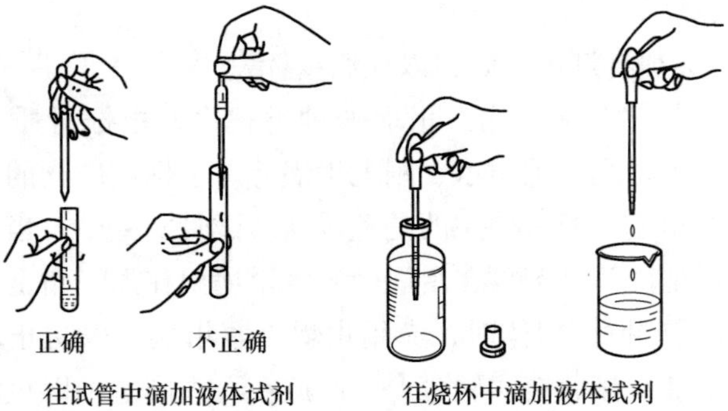

图 2-3 滴管的使用方法

2.2.2.2 细口瓶的正确使用

从细口瓶中直接倒取试剂时，先将细口瓶的塞子倒放在桌子上，防止药液污染、腐蚀桌面和避免试剂受到污染，应左手拿住盛接容器（试管或量筒等），右手掌心向着标签握住试剂瓶，使瓶口紧靠盛接容器的边缘慢慢倾倒，防止溶液流出沾污标签。若试剂瓶两面贴有标签，应按图 2-4 所示操作。倒完后应将试剂瓶口在容器上靠一下，再使瓶子竖直，以免液滴沿外壁流下。如往烧杯中倒液体时，则应左手斜持玻璃棒，将瓶口靠在玻璃棒上，使液体沿着玻璃棒往下流（图 2-5）。

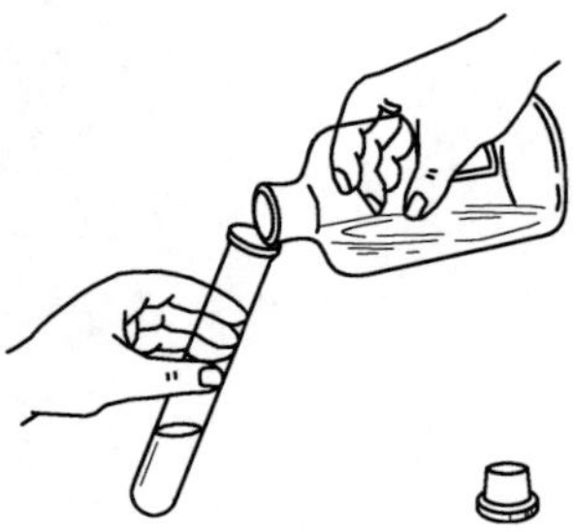

图 2-4 往试管中倒取液体试剂

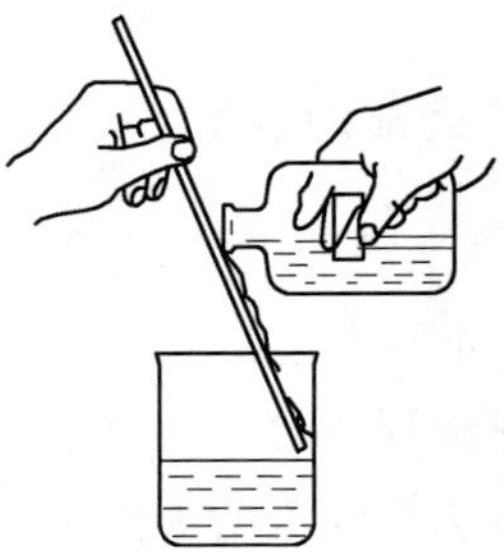

图 2-5 往烧杯中倒入液体试剂

2.2.3 固体药品的取用

往试管中加固体药品时，可用左手水平地拿持试管，右手握药匙（或纸条），用药匙（或纸条）盛取少量固体，平行地伸入试管中，快要接触试管底部时，将试管垂直，抖落药品，然后拿出药匙（或纸条）。使用前和使用后应立即将药匙洗净擦干且专匙专用。试剂取用后，应将试剂瓶盖严并放回原处。固体试剂还可以用镊子夹取，横放试管，把药品放在试管口，把试管慢慢竖立起来，使药品顺着器壁滑到底部（图 2-6）。

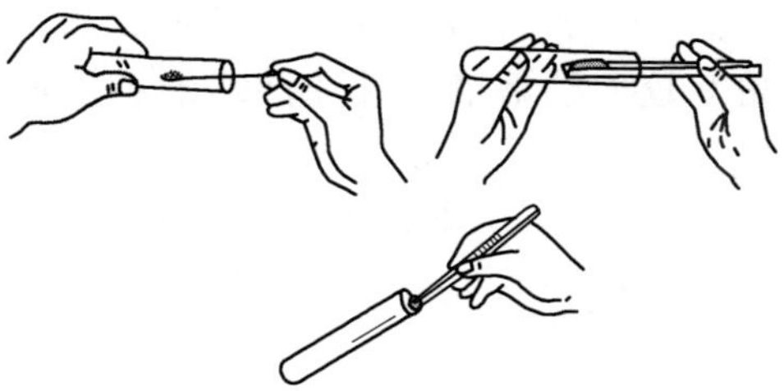

图 2-6　往试管中加入固体试剂

取用试剂原则：

（1）不弄脏试剂。试剂不能用手接触。使用洁净的药匙。多取出来的和实验后剩余部分都不能放回原瓶，应放在指定回收瓶中。试剂瓶盖决不能张冠李戴。

（2）节约在实验中，试剂用量按规定定量取。若书上没有注明用量，应尽可能取用少量。

2.2.4　试管加热操作

在火焰上加热试管时，应用试管夹夹住试管的中上部，约为试管的 1/3 处，夹好后手持试管夹的长柄即可。如果加热液体，试管与桌面应成约 60°倾斜（图 2-7a），先加热液体的中上部，慢慢移动到试管下部，然后不时上下移动并振荡试管，务必使各部分液体受热均匀，以免管内液体受热不均而骤然喷溅。管口不能对着自己和他人，避免液体喷出伤人。

直接加热试管中的固体时，试管口应稍稍向下倾斜，略低于试管底部（图 2-7b），防止加热时产生的水汽冷凝后流到灼热的试管底部致使试管炸裂。

a　　　b

图 2-7　试管加热操作

a—用试管加热液体；b—用试管加热固体

2.2.5　离心机和离心机使用说明

利用离心力把液体中悬浮的固体颗粒或两种互不相溶的混合液体分离开来的方法叫离心分离。离心分离的效率要比重力沉降和过滤高得多，是操作简单并且快速高效的一种分离方法。离心分离常用于一些不易过滤的黏度较大的溶液、乳浊液或油类溶液等，也可用于沉淀的洗涤。

图 2-8　电动式离心机

实验室常见的是电动离心机，为密封式，速度高而且可以调速。电动式离心机见图 2-8。

离心机使用说明：

（1）离心机应置于平稳台面上，机器的四脚吸附固定好。

（2）检查电源接好，插头插牢；调速按钮在“0”位上；离心头安装牢固。

（3）分离样品应该重量基本均等，最大不平衡重量仪器上有说明。

（4）盖上机盖，打开开关，此时电源指示灯亮。如需定时，可旋动定时器按钮，调整所需离心时间，如不需定时，将定时器按钮置于“M”位，然后慢慢旋动调速按钮，使转速达到所需的速度。

（5）离心时间与转速应会根据沉淀的性质来决定。结晶形的紧密沉淀，大约 1000 r/min，1～2 min；无定型的疏松沉淀，沉降时间稍长些，转速一般为 2000 r/min，如经 3～4 min，仍不能分离，则应通过加入电解质或者加热的方法促使沉淀沉降，然后离心分离。

（6）离心完毕，将调速旋钮置于“0”位，在离心机停止转动后，方可打开离心机盖，取出样品，关闭电源开关（拨向“OFF”位）。

离心机使用注意事项：

（1）离心机中应当使用离心试管。禁止将普通试管放入离心机中使用，否则容易打碎试管，流出溶液，腐蚀机器。

（2）为保持离心机在转动时的平衡，离心管应对称地放入离心机的套管中，相互对称的离心管的质量也应尽量相等，即离心管中溶液的高度应大体一致。如只有一份试样时，须在与之对称的另一套管内也装入一支盛有相同体积水的离心试管。

（3）开动离心机（旋转转速旋钮）时，应慢慢地逐渐加速。当发现声音不正常时，要停机检查，排除故障（如离心管不对称、质量不相等、离心机位置不水平等）后再工作。

（4）关闭离心机时，也要逐渐减速，直至自动停止，严禁用手或其他物体作为阻力强制使其停止。

（5）离心机在工作时要将盖盖好，确保安全操作。

（6）离心时间一般 1~2 min，在此期间，实验者不得离开去做别的事。

2.3 试管实验须知

试管实验是普通无机化学实验的基础，通过试管实验，可以综合培养动手、观察、分析和判断能力。为了更好地做好试管实验，实验中应注意以下几方面的问题。

2.3.1 实验现象的观察

如何准确地观察实验现象是试管实验重要的环节之一。因为不能准确地观察实验现象，就无法作出正确的判断，也就得不到正确的结果。在化学反应中应观察以下几方面的现象：（1）化学反应过程中溶液颜色的变化。对有些连续性的反应，反应过程中会有一系列的颜色变化，应逐一记录。（2）反应中有无沉淀生成以及沉淀的颜色、状态，在沉淀转化的实验中观察沉淀颜色及状态的变化。这里要注意区分沉淀的颜色和溶液的颜色。例如：沉淀转化的实验中，在 Ag_2CrO_4 沉淀中加入 NaCl 让其转化为 AgCl 沉淀，观察到的现象应是溶液变黄色，沉淀由砖红色转变为白色。但由于沉淀存在于溶液中，沉淀的白色往往容易被溶液的颜色遮盖，加上有的人观察不细，则会误以为 AgCl 沉淀是黄色的。此时应举起试管观察试管底部沉淀的颜色，或者将溶液倒出再观察溶液和沉淀的颜色。（3）反应中有无气体生成，生成的气体有无特殊颜色、气味以及特征性反应。例如：NO_2 的棕色，H_2S 气体的臭鸡蛋味，Cl_2 对淀粉 KI 试纸的反应等。

2.3.2 实验操作

试管实验中实验操作技能对实验的成败起着至关重要的作用。但是许多人只注重实验原理，而忽略实际操作。在试管实验中，加入相同的试剂并不一定都能得到同样正确的结论，原因就是没有掌握正确的操作方法和技能。实验是一门特殊的、独立的课程，不同于理论课，它是要从自己的实践中获取知识。实验操作中应注意以下几个问题：

（1）选择适当的介质、介质的加入量和加入顺序。性质实验往往需要在一定的介质中进行。例如：$KMnO_4$ 和 Mn^{2+} 在加入浓 H_2SO_4 时生成 Mn^{3+}，而在强碱性介质中可生成 MnO_4^{2-}，当酸度或碱度降低时，则生成 MnO_2 沉淀。由此可以看到，相同的反应物在不同介质中反应，得到的产物是完全不同的。因此，要想得到所需的产物，必须考虑选择适当的介质以及介质的浓度和加入量。实验中，介质的加入顺序有时也会对反应的结果产生影响。例如：上述 $KMnO_4$ 和 Mn^{2+} 制备 Mn^{3+} 的反应，如果在试管中先加入 $KMnO_4$ 和 Mn^{2+}，然后再加浓 H_2SO_4，是得不到 Mn^{3+} 的。因为，$KMnO_4$ 和 Mn^{2+} 一经混合就会生成 MnO_2 沉淀，根据电极电势可知，MnO_2 和 Mn^{2+} 是不能反应生成 Mn^{3+} 的。因此，介质的加入顺序同样也应是试管实验中要考虑的一个重要因素。

（2）振荡、搅拌。振荡、搅拌是试管实验中最基本的操作，但却往往不被重视。有些人加入反应试剂后，不经振荡或搅拌就急于观察实验现象，结果实验失败。虽然加入了相同的试剂却得不到相同的结果。例如：在分步沉淀的实验中，利用 CuS 和 CdS 两者 $K_{sp}^{\ominus}$ 值的差别，让其分步沉淀，将其分离。但是，有些同学在 Cu^{2+} 和 Cd^{2+} 的混合溶液中加入 Na_2S 后却得不到黑色的 CuS 沉淀，而得到棕黄色的 CuS 和 CdS 的混合物。原因就在于其加入试剂后没有进行充分的振荡和搅拌，溶液没有混合均匀，反应只在反应物的界面上进行。在局部地方，S^{2-} 的浓度过高，Cd^{2+} 和 S^{2-} 的浓度积已大于 CdS 的 $K_{sp}^{\ominus}$ 值，因此形成了共沉淀。要想做好这个实验，操作中应逐滴慢加并振荡和搅拌，在振荡和搅拌的过程中，由于局部过浓而生成的 CdS 沉淀会转化为 CuS 沉淀，达到分离的目的。

（3）固液分离以及沉淀的洗涤。试管实验中经常要进行固液分离，分离的方法是将溶液装入离心管中在离心机内离心，离心后用吸管吸出上清液。如需要上清液可将其保留在另一试管中。如需要沉淀，则需要进行沉淀的洗涤。沉淀洗涤的方法是在分离上清液后的剩有沉淀的离心管中加少量去离子水，用玻璃棒充分搅拌，让吸附在沉淀上的其他离子进入溶液，然后将离心管放入离心机中离心，如此反复操作几遍，直至沉淀洗净为止。沉淀的洗涤在离子分离和鉴定中是十分重要的，其操作示意如图 2-9 所示。

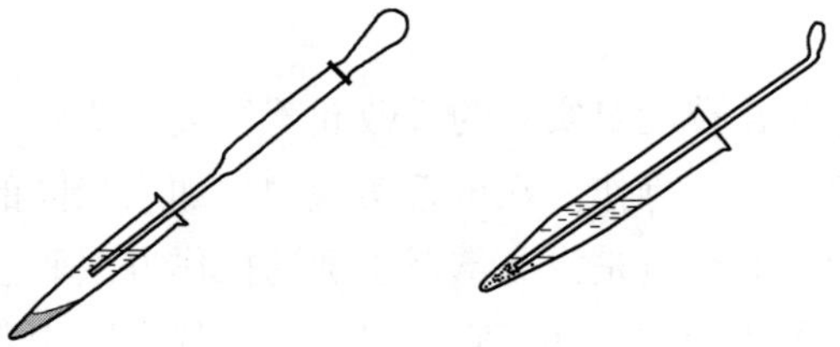

a　　b

图 2-9　固液分离及沉淀的洗涤

a—吸出法进行固液分离；b—沉淀洗涤

（4）对照实验。根据实验现象准确无误地判断某一反应是否发生或某一反应进行的程度，常常需要做对照实验。例如，为确切判断 Ac^- 离子对 HAc 解离的同离子效应，可做下列对照实验：

$$HAc + 甲基橙 \longrightarrow 呈红色$$

$$HAc + NaAc + 甲基橙 \longrightarrow 呈橙色$$

比较两种颜色可明显得出 HAc 加 NaAc 后溶液的 pH 值增加，$c(H^+)$ 降低。

又如，为判断 H_2O_2 与 Fe^{2+}是否发生反应：

$$H_2O_2 + 2Fe^{2+} + 2H^+ = 2Fe^{3+} + 2H_2O$$

往往加 SCN^-，观察体系的颜色是否变红。若变红说明有 Fe^{3+}生成，这样判断就有点武断了。实验结果所显示的红色并不能说明 Fe^{3+}是原有的，还是反应生成的。因为所有 Fe^{2+}的试剂中或多或少均含有 Fe^{3+}，所以要做对照实验，如下：

$$Fe^{2+}(aq) + SCN^-$$

$$Fe^{2+}(aq) + H_2O_2 + SCN^-$$

观察两个红色的深浅，若第二个实验的红色比第一个深得多，说明上述反应发生了。若第二实验的红色与第一个红色相近，则不能说明溶液中 Fe^{3+}离子浓度有所增加，反应一定发生。第一个实验是第二个实验的对照实验。

2.4 书写反应方程式应注意的几个问题

众所周知，一个化学反应方程式表示哪些物质参与反应，生成了什么物质。它是根据事实书写的，决不可凭主观想象任意撰写。化学方程式有分子方程式和离子方程式两种。一般在溶液中进行的反应写其离子方程式。

（1）在书写离子方程式时，弱电解质、水、难溶物、气体在方程式中要写其化学式。

（2）要根据事实书写反应方程式，而实验中观察到的是实验现象，如颜色的变化、沉淀的生成或溶解、气体的生成或吸收等，所以首先要从实验现象分析出生成物是什么物种。其次要辨别在实验中加入的物质是参与反应的反应物，还是反应必需的介质条件。只有分析清楚上述两条才能写出正确的反应方程式。

（3）若是“串联”反应，即第一个反应的生成物是第二个反应的反应物，则可以分步写其反应方程式，也可只写其总反应式。

（4）若是并列反应，即加入某一试剂同时发生两个或两个以上的反应，则要分别书写其反应方程式。不要将并行发生的反应写一个“总”反应式。

2.5 测定实验常用仪器及其使用

2.5.1 量筒和量杯

通常，在量取体积要求不太精确的液体或配制浓度要求不太精确的试剂时，可直接用量筒或量杯量取溶液。量杯还可直接将溶质加在其中配制试剂（但溶解热效应不能太大），量杯的精确度比量筒更差。它们的规格有 5 mL、10 mL、20 mL、25 mL、50 mL、100 mL、250 mL、500 mL、1000 mL、2000 mL 等。

量取液体时可根据需要选用不同规格的量筒，要注意，不同规格的量筒测量误差是不同的。例如，若使用 100 mL 量筒，则会产生±1 mL 的测量误差，而使用 10 mL 的量筒量取，测量误差仅为±0. 1 mL。

使用操作：左手拿住量筒或量杯，右手掌心向着标签握住试剂瓶，使瓶口紧靠量筒或量杯的边缘慢慢倾倒。量取一定量的液体。读数时量筒必须放平稳，视线要与量筒内液体的凹液面的最低处保持水平（图 2-10）。

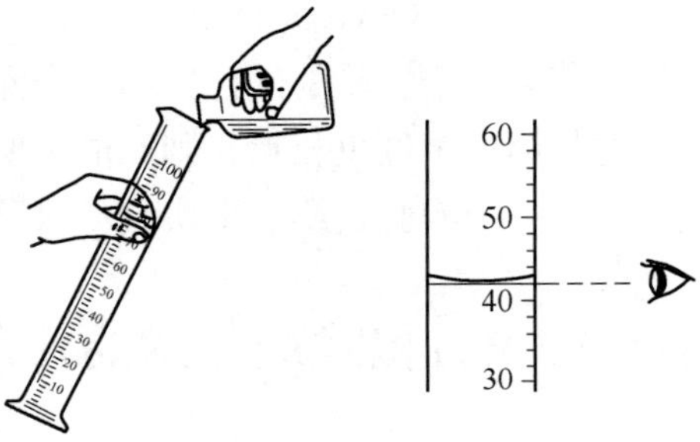

图 2-10 量筒和量杯的使用和读数

2. 5. 2 称量瓶

称量瓶是在定量分析中用于盛放基准物质的容器。称量瓶中的试剂受潮时，可直接将称量瓶放入烘箱中烘烤。烘烤时，应将称量瓶盖半开，烘干后，再将带有磨口的瓶盖盖好。待稍加冷却后放入干燥器内保存。

2. 5. 3 加液器

加液器是定量加取溶液的一种器具，由于它使用方便，比较安全，常用来加取一些对体积要求不太严格而又具有腐蚀性或毒性的液体，如测定铁实验中的氯化汞、硫磷混酸等溶液。加液器的下半部是一个塑料瓶，上半部是加液管（图 2-11）。加液管有 5 mL、10 mL、15 mL、20 mL、25 mL 等各种规格，实验中可根据需要选择所需的加液器。

加液器在使用时只需轻轻挤压塑料瓶，瓶中的液体就会上升到加液管中，待液体上升到加液管支管部位以上时松开手，此时留存在加液管内液体的体积就是所需的体积。

图 2-11 加液器

2.5.4 锥形瓶

锥形瓶又称三角烧瓶，在滴定分析中用来盛装反应溶液的容器。锥形瓶是用硬质玻璃制成的，因此，可直接用火加热。

2.5.5 移液管、吸量管和洗耳球

移液管又称吸量管，是用来准确移取一定体积溶液的量器。常见的有两种，即单标胖肚式（又称移液管）和刻度管式（又称吸量管），如图 2-12 所示。移液管是一根细长并且中间膨大的玻璃管，管的上端刻有表示移液管体积的环行标线，膨大部分标有它的容积和标定时的温度。常见的规格为 5.00 mL、10.00 mL、25.00 mL、50.00 mL、100.00 mL 等。使用时，将溶液吸入管内，使溶液凹液面的最低点与标线相切，再让溶液自由流出，则流出的溶液体积就等于管上标示的容积。吸量管的容积有 1.00 mL、2.00 mL、5.00 mL、10.00 mL 等。吸量管是带有刻度的玻璃管，最小刻度为 0.1 mL。吸量管一般用于量取小体积的溶液。使用吸量管时，通常使液面从最高刻度降至某一刻度，两刻度之差即为所放出溶液的体积，其准确度比移液管稍差。在同一实验中应使用同一支吸量管的同一部位量取，以减小吸量管的测量误差。

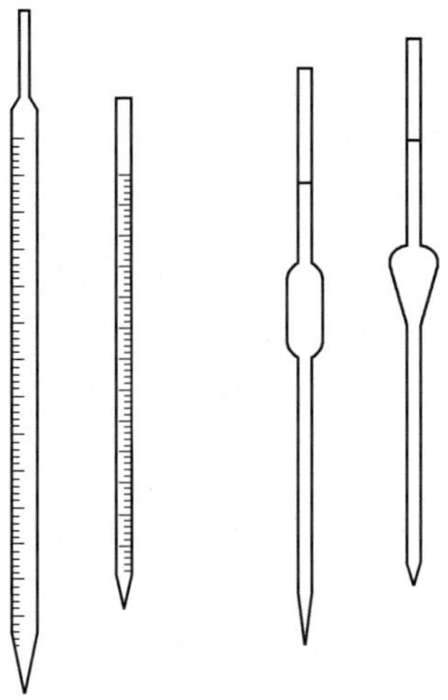

图 2-12 移液管和吸量管

移液管和吸量管的使用方法如下：

（1）洗涤。移液管在使用前应洗涤干净，洗涤时先用水冲洗，若管内有少量油污，可用洗涤液洗涤，当管内油污较多时，可用洗液洗涤。后两者的洗涤方

法是：用洗耳球吸入 1/3 容积的洗涤液（或洗液），平放并转动移液管，使洗（涤）液完全润洗移液管内壁，润洗范围至少要高出移液管最大刻度 1~2 cm，然后将洗（涤）液放回原瓶，用自来水冲洗，再用蒸馏水或去离子水清洗三次以上备用。

（2）润洗。洗净后的移液管在移液前必须先用吸水纸（如滤纸）洗净尖端管内、外的残留水。然后用待取液润洗至少 3 次，以防改变所吸取溶液的浓度。润洗时，将溶液吸至“大肚”或吸量管的 1/4 处，即可封口取出，平放并转动移液管，使待取液完全浸润移液管内壁。应注意勿使管内溶液回流到原溶液中，以免稀释溶液。润洗后将溶液放出。

（3）移液。吸取溶液时，右手的拇指与中指拿住移液管上端，将移液管伸入容器内液面下 1~2 cm 处（不能太浅以免吸空，也不能插至容器底部以免吸起沉渣），左手捏紧洗耳球，排出洗耳球内空气，将洗耳球尖端伸入移液管上端，并封紧管口（图 2-13），轻轻松开洗耳球，使溶液从管的下端徐徐上升，待液面上升到标线以上时，拿掉洗耳球，迅速用右手食指堵住管口，将移液管提出液面，并用滤纸条将移液管下口外壁擦干后，容器倾斜 45°，移液管始终保持垂直，尖嘴靠在容器壁上，然后微微松动食指，同时用拇指和中指慢慢转动移液管，使液面缓慢下降至标线，当液面的凹液面最低点与标线相切时按紧管口，使溶液不再流出。此时，将移液管快速移入接受溶液的容器（如锥形瓶）中，使出口尖端紧靠接受容器的内壁，让接受容器倾斜 45°而移液管直立。抬起食指，使溶液自由地顺壁流下，溶液全部流尽后，停靠 15 s，并将移液管向左右转动数次，取出移液管。这时，在管尖端部分仍留有少量溶液，一般不要吹出，因为移液管标示的容积不包括这部分体积。

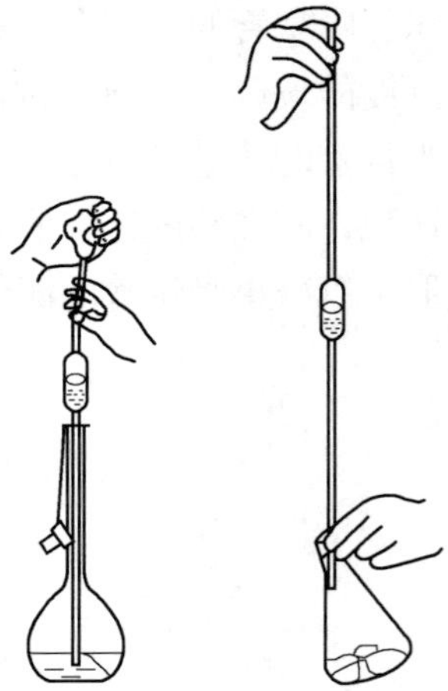

图 2-13　移液管的使用

吸量管的使用方法基本上与移液管相同，区别在于管内的最后一滴溶液是否要吹出，吸量管标示写吹就吹，不写吹，就可以不吹。

使用移液管时还应注意：

（1）移液管用完后应放在专用的移液管架上，不允许随便放在实验台上；以免沾污移液管，影响再次使用。

（2）如不再继续移取同一种溶液，应立即洗涤干净。若分别吸取同一种不同浓度的溶液，则应先吸取浓度低的溶液，吸取浓溶液前，只要用该溶液润洗即可。但若先吸取了浓溶液再吸稀溶液，则在吸取稀溶液前必须先用去离子水润洗，再用稀溶液润洗，才可吸取稀溶液。

2.5.6 容量瓶

容量瓶是用于配制一定体积的标准溶液和定容实验用的容器。它是一种细颈梨形的平底瓶，带有磨口玻璃塞或塑料塞，瓶颈上刻有标线，瓶体标有体积，一般表示 20 ℃时液体充满至刻度时的容积。容量瓶有白色和棕色两种，棕色瓶可用于配制应避光保存的溶液。常见有 10.00 mL、25.00 mL、50.00 mL、100.00 mL、250.00 mL、500.00 mL 和 1000.00 mL 等各种规格。此外还有 1.00 mL、2.00 mL 和 5.00 mL 的小容量瓶，但使用得较少。

容量瓶的使用主要包括以下几个方面：

（1）检漏。使用前必须检查瓶塞是否漏水。检查时应加自来水近刻度，盖好瓶塞用左手食指按住，同时用右手五指托住瓶底边缘，将瓶倒立 2 min（图 2-14），如不漏水，将瓶直立，把瓶塞转动 180°，倒立 2 min，若仍不漏水，即可使用。

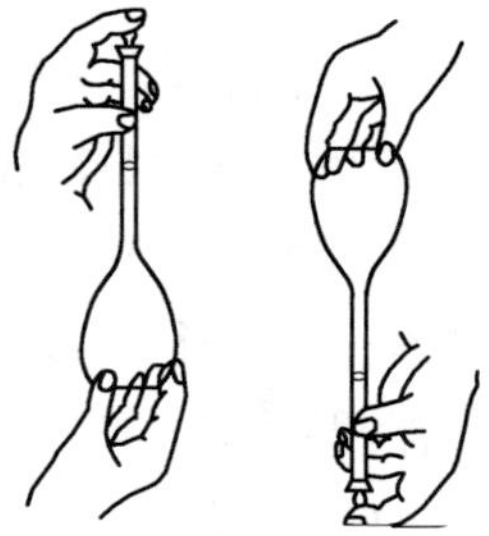

图 2-14 检查漏水操作

（2）洗涤。可先用自来水冲洗，洗后，如内壁有油污，则应倒尽残水，加入适量的铬酸洗液，倾斜转动，使洗液充分润洗内壁，放置几分钟，再倒回原洗液瓶中，用自来水洗干净后再用蒸馏水、去离子水或配制溶液时用的非水溶剂润洗至少 3 次备用。

（3）配制溶液。

1）固体物质配制标准溶液时，可先将用万分之一天平准确称量好的固体物质置于小烧杯中，用少量水或其他溶剂将固体溶解（必要时可加热），待溶液冷却至室温后，再将溶液定量转移到容量瓶中。定量转移时，应右手拿玻璃棒悬空插入容量瓶内，玻璃棒下端要靠住瓶颈内壁，但不要太接近瓶口，以免溶液溢出。左手拿烧杯，将烧杯嘴紧靠玻璃棒，使溶液沿玻璃棒流入容量瓶内（图 2-15），待溶液流尽后，将烧杯嘴沿玻璃棒慢慢向上提起，同时使烧杯直立，使附着在烧杯嘴上的少许溶液流回烧杯中。玻璃棒在容量瓶内壁停靠几秒，迅速提起放入烧杯内，注意不要使玻璃棒上的溶液滴落在实验台上。此时用少量的去离子水（或其他溶剂）冲洗玻璃棒和烧杯内壁，再将洗液按上述方法转移到容量瓶中。如此洗涤，转移的操作应重复 3 次以上，以保证转移完全。这时可用洗瓶加去离子水（或其他溶剂）稀释，应一边加一边直立摇荡容量瓶，以便溶液逐步混合（此时切勿加塞倒立容量瓶）。待加溶剂近标线 1 cm 左右，等 1~2 min，使黏附在瓶颈上的水流下，再用滴管或洗瓶逐滴加入溶剂，直到溶液的弯月面恰好与标线相切。盖紧瓶塞，倒置容量瓶，待气泡上升至容量瓶底部，晃动容量瓶底部，再倒转过来，如此反复倒转摇荡 15 次以上，使瓶内溶液充分混匀，中途需要开盖一次，使瓶口液体也混合均匀。

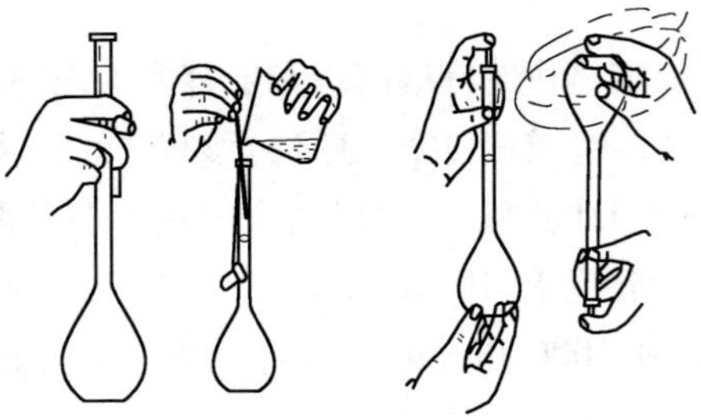

图 2-15 容量瓶配制溶液操作方法

2）配制液体试样（或试剂）的溶液（包括稀释）时，用移液管或吸量管移取一定体积的试样、试剂或浓溶液直接至容量瓶，同上法加溶液至标线并混匀。若在上述配制过程中，试样（或试剂）与溶剂之间的溶解热效应很大，则最好先在烧杯中进行初步溶解，然后再转移至容量瓶中，以免由于溶液过热而引起容量瓶容积误差。

使用容量瓶时应注意：

（1）容量瓶和瓶塞应配套使用，不可乱用乱放。

（2）容量瓶不能量取热溶液，不能直接用火加热，也不能放在烘箱中烘烤。如需干燥可将洗净的容量瓶用乙醇等有机溶剂润洗后晾干，也可用电吹风或烘干机的冷风吹干。

（3）容量瓶不宜长期储存试剂，配好的溶液如需长期保存应转入试剂瓶中。转移前须用该溶液将洗净的试剂瓶润洗 3 遍。强碱会严重腐蚀玻璃，因此不能用容量瓶储存强碱溶液。

（4）用过的容量瓶，应立即用水洗净备用，如长期不用，应将磨口和瓶塞擦干，用纸片将其隔开。

2.5.7 滴定管

滴定管是定量分析中准确测量流出溶液体积的量器。

2.5.7.1 滴定管的种类

常用的 50 mL 和 25 mL 为普通滴定管，它们的最小分度值为 0.1 mL，度数可估到 0.01 mL。容积为 10 mL、5 mL、2 mL 和 1 mL 的半微量和微量滴定管，最小分度值为 0.05 mL、0.01 mL 或 0.005 mL。它们的形状各异。滴定管按体积大小可分为普通滴定管和微量滴定管。按颜色可分为无色、棕色和无色带蓝线的；

按用途又可分为酸式滴定管、碱式滴定管和通用滴定管（图 2-16）。酸式滴定管下部带有磨口玻璃活栓，用于控制滴定时液体的流出。酸式滴定管适于装酸性溶液、氧化性溶液和盐类稀溶液。碱式滴定管的下端用乳胶管连接一个带尖嘴的小玻璃管，乳胶管内有一玻璃珠以控制溶液的流出。碱式滴定管适于碱性溶液和无氧化性溶液，不能用来装对橡皮有侵蚀作用的液体，如 HCl、H_2SO_4、I_2、$KMnO_4$、$AgNO_3$ 溶液等。通用滴定管的下部活塞为聚四氟活塞，耐酸耐碱。

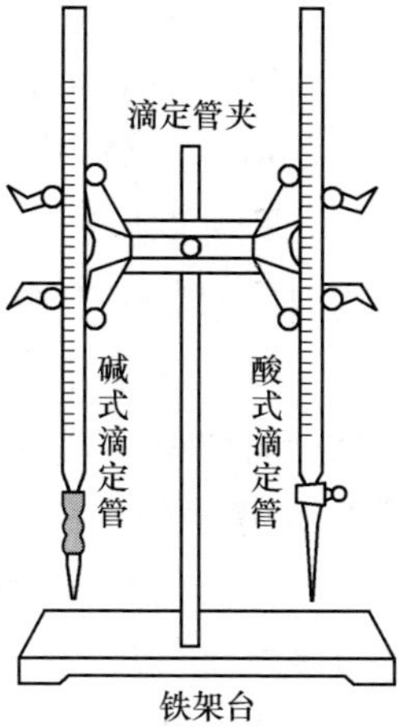

图 2-16 滴定管及滴定台

2.5.7.2 滴定管使用前的准备

A 洗涤

干净的滴定管如无明显油污，可直接用自来水冲洗，如有明显的油污，则需用洗液浸洗。

洗涤酸式滴定管和通用滴定管时，要预先关闭活塞，导入 5～10 mL 洗液后，一手拿住滴定管上端无刻度部分，另一手拿住活塞上部无刻度部分，边转动边将管口倾斜，将洗液流经全管内壁，然后将滴定管竖起，打开活塞使洗涤液从下端放回原洗液瓶中。洗碱式滴定管时，应先去掉下端的橡皮管和吸嘴玻璃管，接上一段塞有玻璃珠的橡皮管，或将乳胶管换成乳胶滴头，然后再按上述方法洗涤，此时洗液应从滴定管的上口倒回洗液瓶中，若油污较重，可装满洗涤浸泡，浸泡时间的长短视沾污的程度而定。

用洗涤剂或洗液洗涤后都需用自来水充分洗涤，洗净后的管内壁应均匀地润上薄薄的一层水而不挂水珠，滴定管的外壁也应保持洁净。

B 检漏

滴定管在使用前必须检查是否漏水。对于酸式滴定管，先关闭活塞，装水至“0”线以上，再直立约 2 min 仔细观察有无水滴滴下，然后将活塞转 180°，再直立 2 min，观察有无水滴滴下。对于碱式滴定管，装水后直立 2 min，观察是否漏水即可。如发现有漏水或酸式滴定管活塞转动不灵活现象，酸式滴定管则需将活塞拆下重涂凡士林，碱式滴定管需要更换玻璃珠和橡皮管，通用滴定管需调节聚四氟旋塞的螺母松紧。

活塞涂凡士林的方法是，把滴定管平放在桌面上，取下活塞，将活塞和活塞槽用滤纸擦干，用手指蘸少量凡士林，在活塞孔的两边沿圆周涂上一薄层（凡士林不宜涂得太多，尤其是在孔的两端，以免堵塞小孔）。然后把活塞插入槽中，向同一方向转动活塞，直到从外面观察时全部透明为止。用橡皮套在活塞小头一端凹槽上，以固定活塞，防其滑落打碎。如果发现旋转不灵活或出现纹路，表示凡士林不够；如果凡士林从活塞隙缝溢出或被挤入活塞孔，表示凡士林太多，凡出现上述情况，都必须重新涂凡士林，最后还应检查活塞是否漏水。

C　润洗和加液

用自来水冲洗干净且不漏的滴定管，先用去离子水（或蒸馏水）洗涤 3 次，每次约 10 mL。每次加入去离子水（或蒸馏水）后，要边转动边将管口倾斜，用水布满全管内壁，然后将酸式滴定管竖起，打开活塞，使水流出一部分以冲洗滴定管的下端，关闭活塞，将其余的水从管口倒出。对碱式滴定管，从下面放水洗涤时，要用拇指和食指轻轻往一边挤压玻璃球外面的橡皮管，并随放随转，将残留的自来水全部洗出。左右拿滴定管上方无刻度处，倾斜，滴定管口与试剂瓶口紧贴加入操作溶液，每次用量约 10 mL，其洗涤方法同去离子水（或蒸馏水）荡洗，洗涤 3 次，最后将操作溶液装入滴定管。

D　排气泡

当滴定管装入溶液后，应检查滴定管活栓下出口管处或碱式滴定管胶管下端出口处有无气泡。如有气泡，应予以排除，否则会影响溶液体积的测量。排除的方法是：先将滴定管中加满操作溶液，对于酸式和通用滴定管，用右手拿住酸式或通用滴定管上部无刻度处，将滴管倾斜 30°，左手迅速打开活塞溶液冲出，从而使溶液布满滴定管下端。对于碱式滴定管，则需一手斜握滴定管，另一只手把橡皮管向上弯曲，用两指挤压高于玻璃球所在处，使溶液从管尖喷出，这时一边仍挤压橡皮管，一边把橡皮管放直，等到橡皮管放直松开手指（图 2-17）。

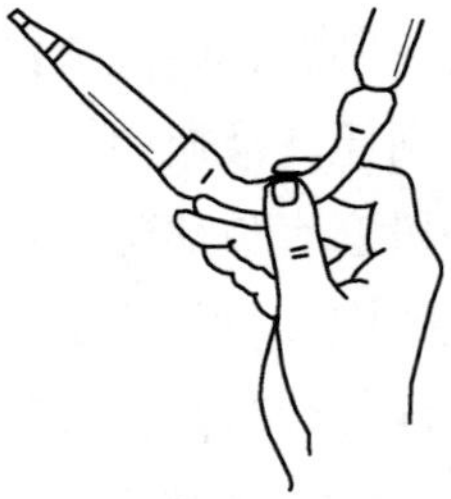

图 2-17　碱式滴定管排除气泡的方法

2.5.7.3　滴定操作

将滴定管内溶液准确调整至刻度“0.00”处或零刻度线附近同一刻度处，然后将滴定管垂直地夹在滴定台上。

滴定操作在锥形瓶中进行时，滴定管尖端应伸入锥形瓶内 1~2 cm，锥形瓶底离桌面 2~3 cm。左手控制活栓或玻璃球，右手的拇指、食指和中指拿住锥形瓶，其余两指辅助。使用酸式和通用滴定管时，应用左手将活栓拢在手心内，左手的拇指、食指和中指轻轻捏住活栓柄，无名指和小指向手心弯曲（图 2-18a）。注意勿使手心顶着活栓，以防手心把活栓顶出，造成漏水。使用碱式滴定管时，可用左手轻轻捏住玻璃球斜右上方的乳胶管（图 2-18b），使溶液从玻璃球旁边的空隙流出。注意不要捏玻璃球或玻璃球的下方，以免白费力气或带入空气。

滴定过程中，左手控制开关边滴加溶液，右手边摇动锥形瓶（图 2-19）。摇

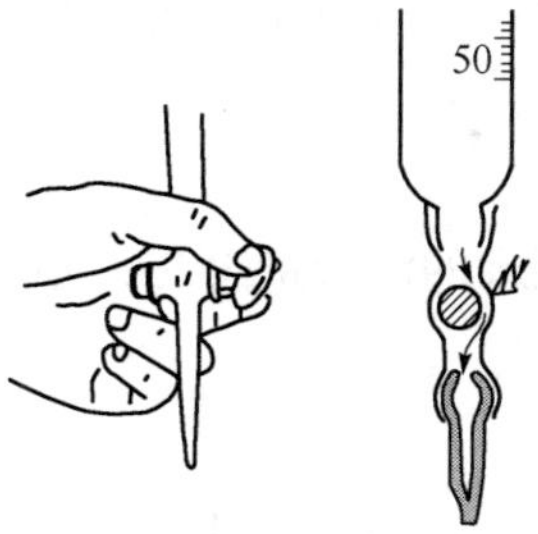

图 2-18 操作滴定的手法

a—酸式滴定管；b—碱式滴定管

动时应微动腕关节，使锥形瓶做圆周运动，溶液就向同一方向旋转，使溶液混合均匀。滴定开始时，速度可稍快，以每秒 3~4 滴为宜，不可成流水状。近终点时，速度应放慢，逐滴加入或半滴、半滴地加入，直至滴定终点（溶液颜色出现明显变化）为止。注意半滴加入和滴定终点时的吹洗操作。吹洗，即用洗瓶挤出少量去离子水吹洗锥形瓶内壁。无论用哪种滴定管，都必须熟练掌握 3 种加液方法：（1）逐滴滴加；（2）加 1 滴；（3）加半滴。

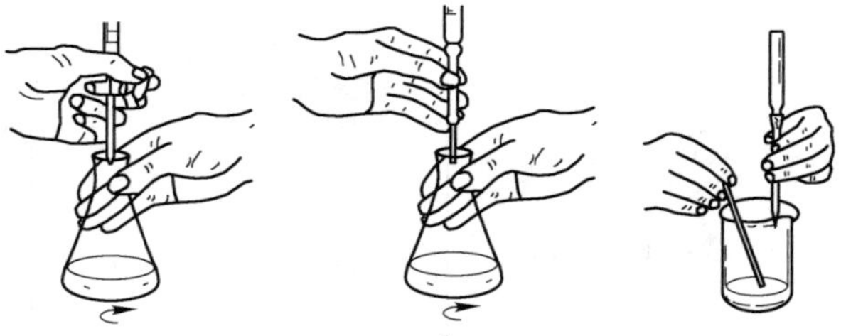

图 2-19 滴定操作方法示意

a—用酸式和通用滴定管和三角瓶的滴定；b—用碱式滴定管和三角瓶的滴定；

c—用碱式滴定管和烧杯的滴定

半滴溶液的加入方法：用酸式滴定管时，可稍稍转动活栓，让液滴悬挂在出口的尖嘴上，形成半滴，再用锥形瓶的内壁靠在尖嘴上将溶液沾下或用洗瓶中的水将其冲下。用碱式滴定管滴加半滴溶液时，应先松开拇指和食指，将悬挂的半滴溶液沾在锥形瓶内壁上。这样可以避免尖嘴玻璃管内出现气泡。

滴定还可在烧杯中进行，将烧杯放在滴定台上，调节滴定管高度，使其下端伸入烧杯内约 1 cm，左手滴加溶液，右手持玻璃棒搅拌溶液（图 2-19c）。搅拌应做圆周运动，不要碰到烧杯壁和杯底。当接近终点滴加半滴溶液时，可用玻璃棒下端承接悬挂的半滴溶液放入烧杯中，直至滴定结束。

滴完一份溶液后，应将滴定管装满再滴下一份，不允许不加溶液连续滴定。

每份样品所用滴定液的量最多不超过所用滴定管的最大容量，即一份样品在滴定时，不应装两次溶液，以避免误差。

读取终点读数，立即记录数据。

滴定结束后，滴定管内剩余的溶液应弃去，不可倒回原瓶中，以免沾污标准溶液。滴定管应洗净倒置在滴定台上。

2.5.7.4　读数

滴定管读数正确与否是很重要的，读数不正确是造成分析误差的重要原因之一。读数应遵循以下原则：

（1）滴定管读数时应用拇指、食指和中指握住滴定管上端无刻度处，使滴定管保持自然垂直状态。不可用手握住有溶液的部位进行读数。

（2）装入溶液或放出溶液时，均应等 1~2 s，待附着在内壁上的溶液流下来后，再进行读数。

（3）普通滴定管读数可读至小数点后第二位，即 0.01 mL 位。对于无色和浅色溶液，应读取凹液面下线最低点（图 2-20a），读数时，视线应与弯月面最低点成水平。对于有色不透明溶液（如 $KMnO_4$），应读取弯月面上两侧最高点（图 2-20b）。对于白底蓝线衬背的滴定管，应读取蓝线上下两尖端相对点的位置（图 2-20c）。

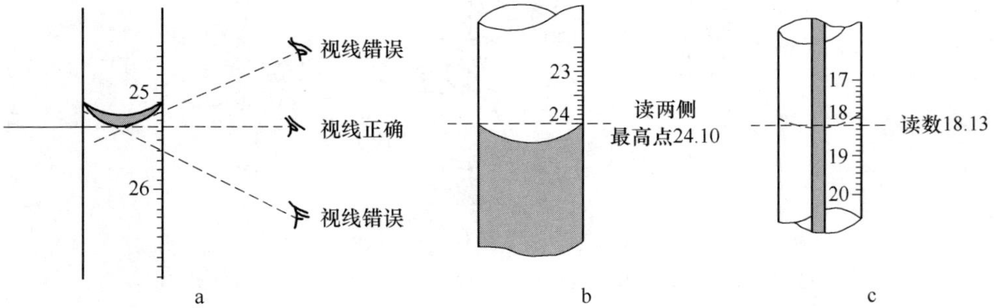

图 2-20　滴定管的读数

a—刻度的读取；b—有色溶液读取数据示意；c—蓝线滴定管读取数据示意

2.5.8　干燥器

干燥器用于冷却和保存经烘干的样品和称量瓶，或存放怕潮湿的小型贵重仪器和仪器零件（图 2-21a）。规格按口径大小划分，有从 10 cm 到 50 cm 等多种规格。

干燥器底层放有干燥剂。干燥剂上层放置一带孔的磁板，以放置待干燥的物品。干燥器的盖与干燥器的接触面是磨口的，必须涂抹凡士林以保证密封。干燥器的盖子应及时盖好，避免吸收空气中的水分。干燥剂变色或经一段时间后，应及时更新，以保证确实有效。装干燥剂前，先用干抹布将瓷板和内壁抹干净，一般不用水洗，因为不能很快地干燥。装干燥剂时，可用一张稍大的纸折成喇叭形，插入干燥器底，大口向上，从中倒入干燥剂，干燥剂装到下室的一半即可。干燥剂常用变色硅胶，当蓝色的硅胶变成红色（钴盐的水合物）时，即应将硅胶重新烘干。

开启或关闭干燥器时，用左手向右抵住干燥器身，右手握盖的圈把手向左平推盖（图 2-21b），取下的盖子盖里朝上，盖沿在外，放在实验台上，防止其滚落在地。切忌将盖子提起，以免提起后干燥器下部跌落而打碎干燥器。搬移干燥器时，务必双手拿着干燥器和盖子的沿口，并将两个拇指压住盖沿（图 2-21c），以防止盖子滑落打碎。长期不用的干燥器，尤其在冬天，常发生盖子打不开的现象，这是因为凡士林凝固的原因，可用热的湿毛巾热敷或放在温暖的地方，待凡士林熔化后再打开。

a　　　　　　b　　　　　　c

图 2-21　干燥器

a—外形图；b—开启或关闭；c—搬移

灼热的物体放入干燥器前，应先在空气中冷却 30~60 s。放入干燥器后，为防止干燥器内空气膨胀将盖子顶落，反复将盖子推开一道细缝，让热空气逸出，直至不再有热空气排出时再盖严盖子。

应当注意，干燥器内并非绝对干燥，这是因为各种干燥剂均具有一定的蒸汽压，灼烧后的坩埚或沉淀若在干燥器内放置过久，会由于吸收了干燥器内空气中的水分而使质量略有增加，应严格控制坩埚在干燥器内的冷却时间。

2.6　误差和有效数字

2.6.1　测量中的误差

2.6.1.1　准确度和精密度

准确度是测定值与真实值的接近程度。

精密度是多次测定值之间的接近程度。

准确度高一定需要精密度高，但精密度高不一定准确度高。精密度是保证准确度的先决条件，精密度低说明测量结果不可靠，在这种情况下，自然失去了衡量准确度的前提。

准确度和精密度、误差与偏差具有不同的含义。但是严格来说，由于任何物质的“真实值”无法准确知道，一般所知道的“真实值”，其实就是采用各种方法进行多次平行测量所得到的相对正确的“平均值”。用这一平均值代替真实值计算误差，得到的结果仍然是偏差。所以在实际工作中，有时不严格区分误差和偏差。

2.6.1.2 准确度和误差

准确度是指测定值 x 与真实值 T 之间的偏离程度，通常用误差来表示。

误差，即绝对误差（E），绝对误差是测定值与真实值之差：

$$\text{绝对误差}=\text{测定值}-\text{真实值}$$

误差有正、负之分，正误差表示测定结果偏高，负误差表示测定结果偏低。误差的绝对值越小，表示测定结果与真实值越接近，准确度越高。纯物质中元素的理论含量可作为真实值使用。

相对误差（E_r），指绝对误差与真实值之比（占百分之几）：

$$\text{相对误差}=\frac{\text{绝对误差}}{\text{真实值}}\times 100\%$$

例如，两个试样的测定值分别为 0.1991 g 和 1.1991 g，若真实值分别是 0.1990 g 和 1.1990 g，则两者的绝对误差和相对误差分别为：

$$E_1 = 0.1991 - 0.1990 = 0.0001(\text{g})$$

$$E_{r_1} = \frac{0.0001}{0.1990} \times 100\% = 0.05\%$$

$$E_2 = 1.1991 - 1.1990 = 0.0001(\text{g})$$

$$E_{r_2} = \frac{0.0001}{1.1990} \times 100\% = 0.01\%$$

绝对误差与被测量值的大小无关，而相对误差与被测量值的大小有关。一般用相对误差来反映测定值与真实值之间的偏离程度（即准确度），这比用绝对误差更为合理。

2.6.1.3 精密度和偏差

精密度指测量结果的再现性（重复性）。

偏差：通常被测量的真实值很难准确知道，于是用多次测量结果的平均值作为最后的结果。单次测定的结果与平均值之间的偏离就称为偏差。偏差也有绝对偏差和相对偏差之分：

$$绝对偏差=单次测定值-平均值$$

$$相对偏差=\frac{绝对偏差}{平均值}\times 100\%$$

为了说明测量结果的精密度，最好以单次测量结果的平均偏差表示，平均偏差的计算方法如下：

$$平均偏差\ d=\frac{|d_1|+|d_2|+\cdots+|d_n|}{n}$$

式中 n——测量次数；

d_1——第一次测量的绝对偏差；

d_n——第 n 次测量的绝对偏差。

也常用均方根偏差，计算方法如下：

$$\sigma=\sqrt{\frac{d_1^2+d_2^2+\cdots+d_n^2}{n-1}}$$

单次测量的相对平均偏差为：

$$相对平均偏差=\frac{平均偏差}{平均值}\times 100\%$$

从相对平均偏差的大小可以反映出测量结果再现性的好坏，即测量的精密度。相对平均偏差小，可视为再现性好，即精密度高。

2.6.1.4 产生误差的原因

产生误差的原因很多，一般可分为系统误差和偶然误差两大类。

（1）系统误差。由于某些固定的因素所造成的误差称为系统误差。系统误差的特点是在多次重复测量时，结果总是偏高或总是偏低，会重复出现，具有“单向性”。

产生系统误差的主要原因：实验方法不完善，所用的仪器准确度差，药品不纯等。

系统误差可以用改善方法、校正仪器、提纯药品等措施来减少，有时也可以在找出误差原因后，算出误差的大小而加以修正。

（2）偶然误差。由一些难以控制的因素所造成的误差称为偶然误差。例如测量时环境温度、湿度和气压的微小波动，仪器性能的微小变化，测量人员对各次测量的微小差别等，都可能带来误差。偶然误差是在测量过程中无法避免的。但偶然误差符合一般的统计规律：

1）正误差和负误差出现的概率相等。

2）小误差出现的次数多，大误差出现的次数少，个别特别大的误差出现的次数极少。因此通常可采用“多次测定，取平均值”的方法来减小偶然误差。

（3）过失差错。除上述两类误差以外，还有由于工作粗枝大叶，不遵守操作规程等原因造成测量的数据有很大的误差称为过失差错。如果确知由于过失差错而引起了误差，则在计算平均值时应剔除该次测量的数据。通常只要加强责任感，对工作认真细致，过失差错是完全可以避免的。

2.6.1.5　提高实验结果准确度的方法

提高实验结果准确度的方法如下：

（1）减小称量误差和体积误差。

1）减小称量误差。一般分析天平称量误差为±0.0001 g，两次读数的绝对误差为±0.0002 g，根据绝对误差与相对误差的关系，可以求出最小称量质量，例如若要求相对误差不大于0.1%，则称量的质量应不小于0.2 g，计算结果如下：

$$W = 0.0002/0.1\% = 0.2(\mathrm{g})$$

2）减小体积误差。对于有准确刻度的玻璃量具，根据读数的绝对误差可以求出一定相对误差下的体积量取。例如滴定管读数有±0.01 mL误差，两次读数有±0.02 mL绝对误差，为使测量体积相对误差小于0.1%，则滴定剂消耗体积应不小于V：

$$V = 0.02/0.1\% = 20(\mathrm{mL})$$

3）减小实验数据的随机误差。增加平行测定次数，一般测3~6次即可。

（2）对照实验用于检查是否存在系统误差。可用已知分析结果的标准试样与被分析试样，或用公认的标准分析方法与所用的分析方法进行对照，或采用标准加入法进行对照，判断分析结果误差的大小。

（3）空白实验在不加试样的情况下，按照试样分析同样的操作步骤和操作条件进行分析，所得结果称为空白值。

2.6.2　有效数字及计算规则

在科学实验中，为了得到准确的结果，不仅要准确地选用实验仪器测各种量的数值，还要正确地记录和运算。实验所获得的数值，不仅表示某个量的大小，还应反映测量这个量的准确程度。因此实验中各种量应采用几位数字，运算结果应保留几位数字是很严格的，不能随意增减和书写。例如：在测量液体的体积时，在最小刻度为1 mL的量筒中测得20.7 mL，其中20是由量筒刻度读出来的，是准确的，而0.7是估计的。它的有效数字是3位。如果该液体用最小刻度为0.1 mL的滴定管来测量，测得20.75 mL，其中20.7是直接从滴定管的刻度读出的，是准确的，而0.05是估计的。它的有效数字是4位。有效数字是指在科学实验中实际能测量到的数字。除最后一位数字是“可疑数字”，其余各位数都是准确的。

有效数字的位数是根据测量仪器和观察的精确程度来决定的，任何超过仪器精确程度的数字都是不正确的，也是没有意义的。例如：滴定管的最小刻度是0. 1 mL，某次读数为2. 15 mL，说明真实值介于2. 1和2. 2之间，“5”是估计值，已经是可疑数，如“5”后面还有数字，如某位同学的读数为“2. 152”，数字“2”不仅没有意义，还会造成数据错误，给生产和实践带来潜在的风险。

有效数字的位数可以通过下面几个数字来说明：

	0. 0045	0. 0030	42. 3	0. 0423	5. 008	0. 5000	5000
有效数字位数：	2位	2位	3位	3位	4位	4位	位数不确定

从上面几个数字可以看到，“0”如果在数字的前面，只起定位作用，不是有效数字。因为“0”与所取的单位有关，例如体积0. 0045 L和4. 5 mL，准确度完全相同。“0”如果在数字的中间或末端，则表示一定的数值，应该包括在有效数字的位数中。另外，像5000这样的数字，有效数字不好确定，应该根据实际的有效数字位数写成5×10^3（1位），5.0×10^3（2位），5.00×10^3（3位）等。

化学运算中保留有效数字的规则：

（1）加减法。在加减法中，所得结果的小数点位数，应该与各加减数中小数点后的位数最少者相同。例如将0. 126，1. 05030及25. 23三个数相加：

加法（一）

$$\begin{array}{r} 0.126 \\ 1.05030 \\ +\ 25.23 \\ \hline 26.40630 \end{array}$$

加法（二）

$$\begin{array}{r} 0.13 \\ 1.05 \\ +\ 25.23 \\ \hline 26.41 \end{array}$$

在上述3个数中，小数点后的位数最少的是25. 23，小数点后有2位数，它表示25. 23的3是可疑数，该数有0. 01的误差，因此三个数之和的结果最多保留小数点后第二位。第一种加法保留小数点后第四位是没有意义的。正确的加法如第二种所示，以小数点第二位为界，其他数据中处于小数点第二位以后的数字按四舍五入的原则取舍。

（2）乘除法。在乘除法中，所得结果的有效数字位数应与各数值中有效数字位数最少者相同，而与小数点后的位数或者小数点的位置无关。例如：$0.126\times1.05030\times25.23=?$

上述三个数字中，第一个数是3位有效数字，它的有效数字位数最少，所以用此数位标准确定其他各数的位数，然后进行运算。

$$0.126\times1.05\times25.2=3.33396=3.33$$

计算结果应为3. 33，若为3. 33396是不合理的。

（3）对数、反对数。在pH，lg$K$等对数值中，其有效数字的位数仅取决于小数部分数字的位数，整数部分决定数字的方次，只起定位作用。

例如：pH = 2.3

$\lg(H^+) = -2.3 = -3 + 0.7$（1 位有效数字）

$(H^+) = 5 \times 10^{-3}$（1 位有效数字）

pH = 2.300（3 位有效数字）

$\lg(H^+) = -2.300 = -3 + 0.700$

$(H^+) = 5.01 \times 10^{-3}$（3 位有效数字）

例如本书实验二，某同学用 pH 计测量出醋酸溶液的 pH 值为 3.46，那么他的有效数字是两位，因此计算出来的氢离子浓度也只能保留两位有效数字，由此计算出来的弱酸的平衡常数也只能保留有两位有效数字。

以下为有效数字的练习题，供同学们练习用。

（1）下列数据各有几位有效数字？

1）0.075；2）1.0520×10^5；3）4.7×10^{-3}；4）10；5）10.0%；6）pH=9.2。

（2）根据有效数字运算规则，计算下列各式：

1）24.23+1.262+0.0182；2）242.3+1.262−0.0182；3）24.23÷1.2；4）24.23×1.2×0.0182。

（3）在分析天平上称得草酸固体 1.8911 g，用 150 mL 容量瓶配成标准溶液（容量瓶体积误差为±0.05 mL），求该溶液物质的量浓度。

（4）配制下列溶液时选用什么天平称量试剂质量？选用什么容器度量体积？

1）配制 0.01 mol/L 溶液；

2）配制约 0.01 mol/L 标准溶液（精确至 4 位有效数字）。

2.6.3 普通化学实验中定量测定的准确度与仪器准确度的关系及仪器的匹配使用

普通化学实验中能直接定量测定的物理量有物体的质量（g 或 mg）、液体的体积（L 或 mL）、溶液的 pH 值、有色溶液的吸光度等。相应使用的仪器有天平、量筒、移液管、滴定管、pH 计、分光光度计等。

根据上述有效数字的概念，要估读一位不甚准确值（或说可疑值），一般认为这仪器所测量的绝对误差为估读数的±2 倍。例如粗天平的最小刻度间为0.5 g，用粗天平称量时要估读到 0.1 g，所以认为粗天平称量的绝对误差为±0.2 g。又如 1 mL 移液管的最小刻度为 0.01 mL，用 1 mL 移液管移取液体体积时要估读到 0.001 mL，所以认为 1 mL 移液管量取体积的绝对误差为±0.002 mL。

上面所说的测量值的绝对误差都是假定其估读前的数为准确值，但实际情况并不完全如此，所以有时要对仪器进行校正，校正方法可参考有关书籍。

普通化学实验中有很多要测定的物理量是复合量。如浓度是复合量，它由溶质的物质的量（mol）与溶液体积（L）组合而成。又如弱酸的标准解离常数 $K_a^\ominus$ 也是一个复合量，根据其定义式：

$$K_a^\ominus = \frac{[c(H^+)/c^\ominus][c(A^-)/c^\ominus]}{c(HA)/c^\ominus}$$

要实验确定 $K_a^\ominus$ 的数值，则要先分别测定出同一溶液中 $c(H^+)$、$c(A^-)$ 及 $c(HA)$，由上式计算出其数值。再如，一个物体中某一组分的质量分数 W_B，其定义式为 $W_B = m_B/m$(所取试样质量)，所以质量分数是一个复合量。

由于一个复合量是不能直接由实验测定的，要由实验测定几个物理量通过计算得到，一般可认为由实验确定的复合量的准确度取决于误差最大的物理量的准确度。

若配制溶液的溶质是稳定的，且组成是确定的，则所配溶液的浓度的准确度由称量误差或溶液的体积误差决定。如果所配溶液的浓度准确度要求不高（只要2位或1位有效数字），则用粗天平称量，用量筒量其体积即可。如果配制溶液的浓度准确度要求高，要三位或四位有效数字，则要用分析天平称量，用容量瓶决定溶液的体积。若用粗天平称量，用容量瓶决定溶液的体积或用分析天平称量，用量筒量取溶剂的体积，其浓度均达不到要求的准确度。因此配制溶液时，应该粗天平与量筒相匹配使用，分析天平与容量瓶相匹配使用。稀释溶液时，量筒与烧杯匹配使用，移液管与容量瓶匹配使用。

要测定浓度只有二位有效数字的溶液的精确浓度（浓度要有四位有效数字），常用滴定法（酸碱滴定、配合滴定、氧化还原滴定法等）。

所测溶液的溶质浓度由等物质的量规则 $|\upsilon_A|c(B) = |\upsilon_B|c(A)V(A)/V(B)$ 计算而得：式中，B 是待测溶液的溶质；A 是标准溶液的溶质；υ_A、υ_B 是 A、B 参与反应的化学反应方程式中相应的化学计量数，因规定反应物的化学计量数为负值，所以要加绝对值符号；$c(A)$、$c(B)$ 分别表示溶质 A、B 物质的量浓度；$V(A)$、$V(B)$ 分别表示 A、B 物质的体积。

从上式可知，要得到 $c(B)$ 有四位有效数字，则要求标准溶液的浓度 $c(A)$ 也有四位有效数字。另外，$V(A)$、$V(B)$ 的测定也都要有四位有效数字。$V(A)$ 用移液管量取，$V(B)$ 由滴定管读出。

若用测定某一弱酸溶液的 pH 值来确定其 $K_a^\ominus$ 的数值，根据上述 $K_a^\ominus$ 的准确度是 $c(H^+)$、$c(A^-)$ 和 $c(HA)$ 中误差最大的一个的准确度决定。而 $c(H^+)$ 是用 pH 计测定的，一般的 pH 计测定的 pH 值只能估读到 0.01 位，所以 $c(H^+)$ 只有两位有效数字，即使 $c(HA)$ 的准确度再高，所得到的 $K_a^\ominus$ 最多只有两位有效数字。

当然有时考虑到误差的传递和累加，其他物理量的误差要比决定复合量准确度的那个物理量的误差小一个数量级，所以要求 c(HA) 有三位有效数字。

用比色法测定溶液中溶质的浓度时，是根据下列关系：

$$\frac{D_{标}}{c_{标}}=\frac{D_{待测}}{c_{待测}}$$

由实验测定 $D_{标}$、$D_{待测}$，从已知 $c_{标}$ 计算出 $c_{待测}$。

一般的分光光度计所测定的吸光度 D 数值有三位有效数字，所以计算得出的 $c_{待测}$ 也可有 3 位有效数字。但要得到有 3 位有效数字的 $c_{待测}$，必须有 3 位有效数字的 $c_{标}$。所以在配制浓度为 $c_{标}$ 的标准溶液及配制待测溶液时，是用分析天平称量，用容量瓶确定体积的。若溶液太浓需用移液管、容量瓶配套使用稀释溶液，否则得不到应有的有效数字位数。

上面仅从有效数字位数讨论了所测定物理量的准确度及仪器的匹配使用。至于所测定物理量的偏差到底多大，有专著论述，这里不再叙述了。

2.7　天平的使用方法

2.7.1　天平称量的准确度

实验室中使用不同等级的电子天平，各种天平称出的物体质量的准确度也不同：

万分之一天平，一般能称准至 0.1 mg，即 0.1 mg 位是不准确数。

千分之一天平，一般能称准至 1 mg，即 1 mg 位是不准确数。

百分之一天平，一般能称准至 10 mg，即 10 mg 位是不准确数。

十分之一天平，一般能称准至 0.1 g，即 0.1 g 位是不准确数。

2.7.2　托盘天平

托盘天平（图 2-22）一般用于精确度要求不高的称量，使用方法如下：

(1) 零点调整。托盘中未放物体时，如指针不在刻度零点附近，可用平衡螺母调节。

(2) 称量。称量物不直接放在天平盘上称量（避免天平盘受侵蚀），而放在已称过质量的表面皿上，或放在称量纸上（左右各放一张质量相等的称量纸）。潮湿的、吸湿性强的或具有腐蚀性的药品放在玻璃容器内。称量物放在左盘，砝码放在右盘，如添加 10 g 或 5 g 以下的砝码时可以移动游码，直至指针与刻度盘的零点相符（可以偏差 1 格），记下砝码与游码质量，即为物体质量。

(3) 复位。称毕应把砝码放回盒内，把标尺上的游码移到刻度“0”处，将托盘天平打扫干净。

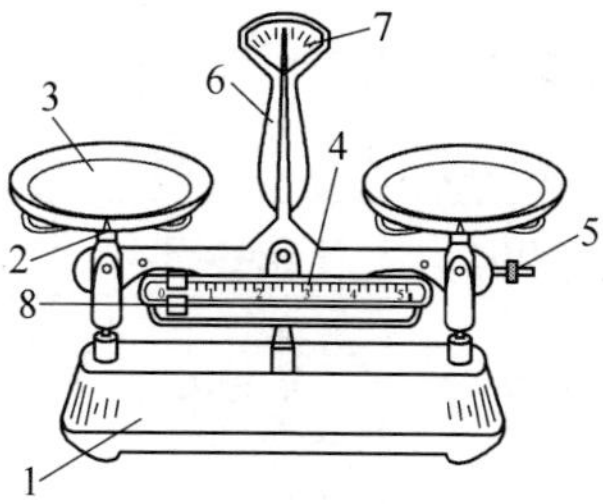

图 2-22 托盘天平

1—底座；2—托盘架；3—托盘；4—标尺；5—平衡螺母；6—指针；7—分读盘；8—游码

2.7.3 电子天平

最新一代的天平是电子天平，它是利用电子装置完成电磁力补偿的调节，使物体在重力场中实现力的平衡，或通过电磁力矩的调节，使物体在重力场中实现力矩的平衡。常见电子天平的结构都是机电结合式的，由载荷接受与传递装置、测量与补偿装置等部件组成。可分成顶部承载式和底部承载式两类，目前常见的大多数是顶部承载式的上皿天平。从天平的校准方法来分，则有内校式和外校式两种。前者是标准砝码预装在天平内，启动校准键后，可自动加码进行校准。后者则需人工去拿标准砝码放到秤盘上进行校正。

以梅特勒-托利多 L-IC 系列天平为例，介绍天平的构造和使用。

（1）天平的构造。天平的构造如图 2-23 所示。

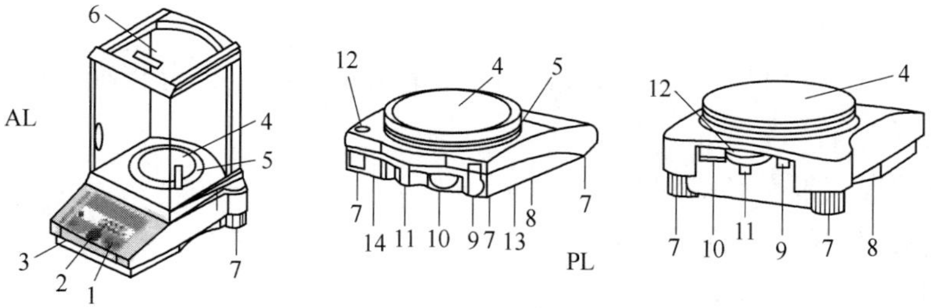

图 2-23 天平的构造

1—操作键；2—显示屏；3—具有以下参数的型号标牌：“Max”，最大称量，“d”，实际分度值；4—秤盘；5—防风圈；6—防风罩；7—水平调节脚；8—用于下挂称量的秤钩；9—交流电源适配器插座；10—RS232c 接口；11—防盗锁链接环；12—水平泡；13—电池盒；14—PL-S 第二显示屏选件接口

（2）操作键功能一览。该天平具有两种操作方式：称量方式和菜单方式。根据所选择的操作方式和按键时间的长短，各键有不同的含义，见图 2-24。

称量模式

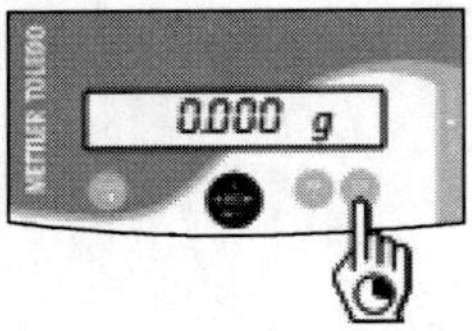

菜单

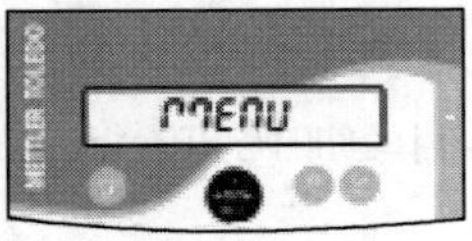

称量方式下的操作键功能	
短时间按键	长时间按键
1/10d • 可读性减小	Cal • 调整(校准)
On • 开机 ➛O/T➛ • 清零/去皮 C • 取消功能	Off • 关机
⇄ • 转换 • 改变设置	F • 功能调用: 所需功能须在菜单中激活，否则在显示屏上将出现“F nonE”
⇨ • 通过接口传输称量数据到激活的打印机上 • 数据设置确认	Menu • 菜单调用(按住键，直到出现MENU)

菜单方式下的操作键功能	
短时间按键	长时间按键
1/10d • 改变设置 • 显示数值减少1位	1/10d • 数值快速减1
C • 退出菜单(不保存退出)	
⇄ • 改变设置 • 显示数值增加1位	⇄ • 数值快速增加
⇨ • 选择下一个菜单选项	Menu • 保存并且退出菜单

图 2-24 操作键功能

(3) 天平的校准。为了获得准确的称量结果，必须进行校准以适应当地的重力加速度。

以下情况校准是必要的：

1) 首次使用天平称量之前；

2) 称量工作中定期进行；

3) 改变放置位置后。

两种校准方式如下（图 2-25）：

1) 内部校准。让秤盘空着，按住 Cal 键不放，直到在显示屏上出现 CAL int 字样后松开该键。天平自动进行校准。当在显示屏上短时间出现信息 CAL done，紧接着出现 0.00 g 时，天平校准结束，天平又回到称量工作方式，等待称量（注：内校时请确认 MENU 中 CAL 项为 CAL int）。

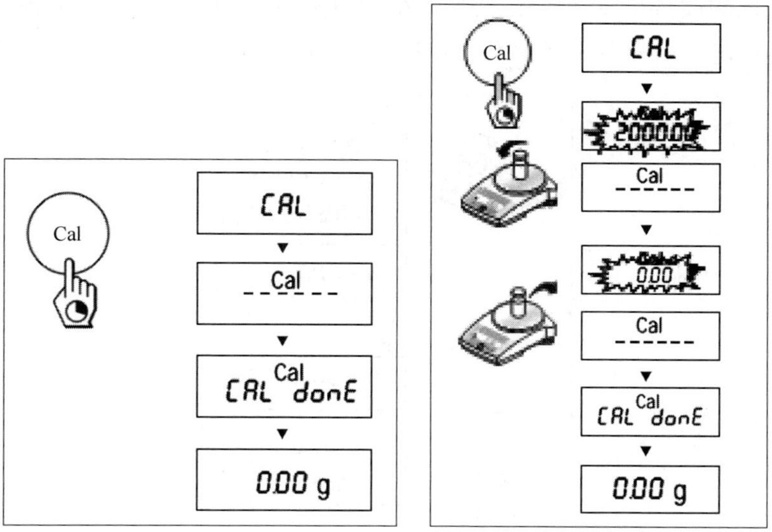

内校 外校

图 2-25 校准过程示意图

2）外部校准。准备好校准用校准砝码。让秤盘空着。按住 Cal 键不放，直到在显示屏上出现 CAL 字样后松开该键。所需的校准砝码值会在显示屏上闪烁。放上校准砝码（在秤盘的中心位置）。天平自动地进行校准。当 0.00 g 闪烁时，移去砝码。当在显示屏上短时间出现（闪现）信息 CAL done，紧接着又出现 0.00 g 时，天平的校准结束。天平又回到称量工作方式，等待称量（注：外校时请确认 MENU 中 CAL 项为 CAL E）。

注意：天平的校准工作由教师完成，学生不得擅自校准。

（4）称量。

1）开机、关机。

开机：在开机前要查看水平仪，如不水平，通过水平调节脚调至水平。接通电源，预热 120 min（若天平长时间没用）后方可开启显示器进行操作使用。让秤盘空载并点击 On 键。天平显示自检（显示屏上的所有字段短时点亮）。当天平回零时，天平就可以称量了。

关机：按住 Off 键不放直到显示屏上出现“off”字样，再松开。

2）简单称量。将称量样品放在秤盘上，等待，直到稳定状态探测符“。”消失，读取称量结果（图 2-26a）。

3）快速称量（降低读数精度）。天平允许降低读数精度（小数点后的位数）以加快称量过程。天平在正常精度和正常速度状态下工作。按 1/10d 键，天平在较低的读数精度状态下工作（小数点后少一位），但是能更快地显示出结果。再点击一下 1/10d 键，天平又返回到正常读数精度工作状态（图 2-26b）。

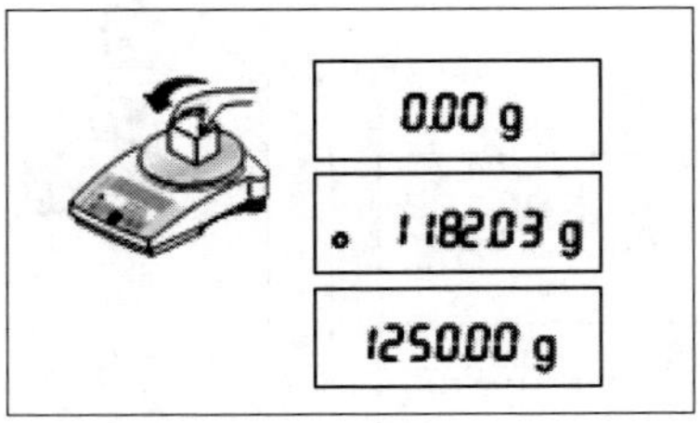

a

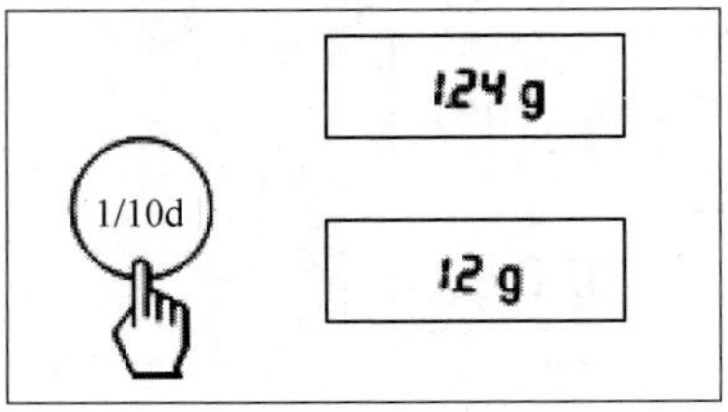

b

图 2-26　简单称量（a）和快速称量（b）

（5）去皮。将空容器放在天平（的秤盘）上，显示该重量。点击 →O/T← 键，去皮。给容器装满称量样品，则显示净重。如果将容器从天平上拿走，则皮重以负值显示。皮重将一直保留到您再次按 →O/T← 键或天平关机为止（图 2-27）。

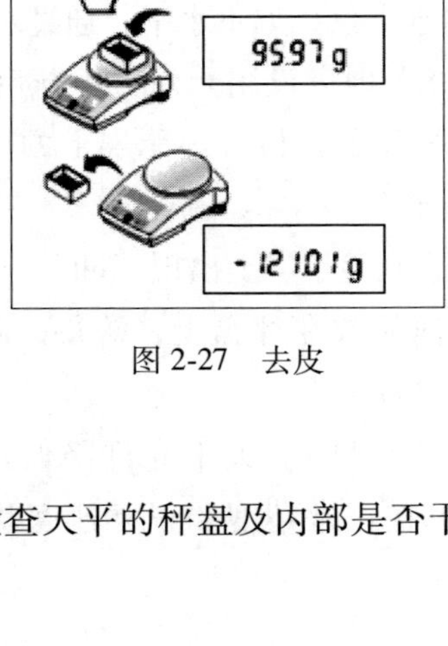

图 2-27　去皮

（6）注意事项：

1）在开天平前，先检查天平的秤盘及内部是否干净，在天平未开启前，将天平用毛刷清扫干净。

2）天平自重较轻，容易被撞移位，造成不水平，从而影响称量结果。首先要查看水平，如果不平需要调节天平旋脚调平。使用时要特别注意，动作要轻、缓，并要经常查看水平。

3）天平通电预热、校准均有教师负责完成，学生称量时只需按 On 键、Tar 键及 Off 键即可，其他键不允许乱按。

4）使用完毕，复位，在仪器登记本上登记相关信息。

2.8 酸 度 计

2.8.1 仪器的用途及工作条件

酸度计又称 pH 计，是一种用电位法测定水溶液 pH 值的测量仪器。它的品牌和型号有多种，各种型号的仪器结构有所不同，但基本原理是相同的，即 pH 计通过测量原电池的电位来测定溶液的 pH 值。原电池由玻璃电极和参比电极组成，玻璃电极对 pH 值敏感，而参比电极电位稳定。在温度恒定的情况下，原电池的电位变化只与玻璃电极的电位有关，而玻璃电极的电位取决于待测溶液的 pH 值。通过对电位的变化进行测量，即可得出溶液的 pH 值。现仅介绍奥豪斯 FB2200 型酸度计。

该型酸度计工作的条件要求：

（1）pH 值范围：0～14。

（2）被测溶液温度：5～40 ℃。

（3）测量范围：−1999～1999 mV。

（4）准确度等级：0.01。

2.8.2 仪器的构造及工作原理

FB2200 型酸度计主要由电计部分和电极部分组成。

电极：FB2200 型酸度计电极是复合电极，主要由玻璃电极（也叫指示电极、测量电极）和参比电极两部分组成。参比电极一般有甘汞电极和银-氯化银电极两种，我们这里用的是饱和甘汞电极。下面我们分别介绍玻璃电极、参比电极和由它们组成的复合电极的工作原理。

（1）玻璃电极（测量电极）。用一种导电玻璃（含 72% SiO_2、22% Na_2O、6% CaO）吹制成极薄的空心小球，泡内装有 0.1 mol/L 的 HCl 内参比溶液，其中插入

一支 Ag-AgCl 电极作为内参比电极，这样就构成了玻璃电极（图 2-28）。Ag-AgCl(固)|0.1 mol/L HCl|玻璃|待测溶液，这个导电的薄玻璃膜把两个溶液隔开，即有电势产生，小球内氢离子浓度是固定的，所以该电极的电势随待测溶液的 pH 值不同而改变，即

$$E = E^{\ominus} + 0.059\text{pH}(298\ \text{K 时})$$

式中，E 为电极的电势；$E^{\ominus}$ 为电极的标准电势。

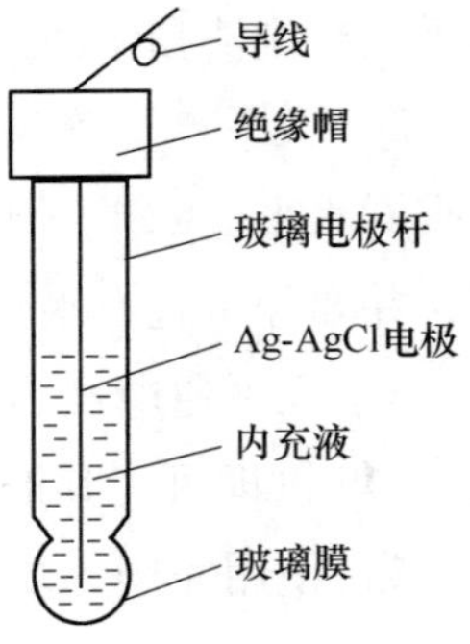

图 2-28 玻璃电极

（2）甘汞电极。甘汞电极（图 2-29）是常用的参比电极。甘汞电极的电极电势与被测的 pH 值无关。饱和甘汞电极是由汞 Hg、甘汞 Hg_2Cl_2 和饱和 KCl 溶液组成。它的电极反应为：

$$Hg_2Cl_2(s) + 2e^- \longrightarrow 2Hg + 2Cl^-$$

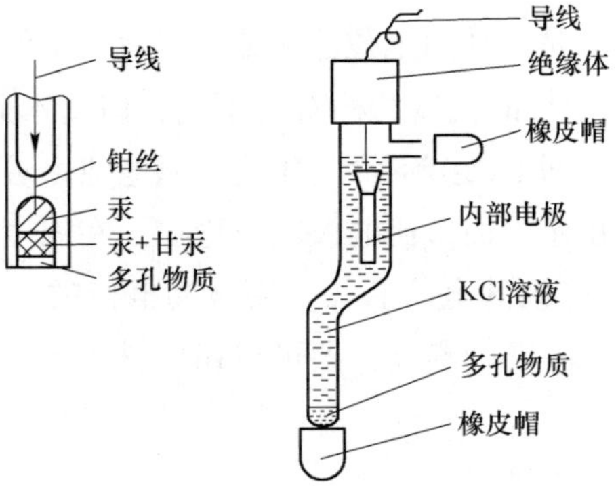

图 2-29 甘汞参比电极

在一定温度下其电极电势具有一定数值，在 298 K 时其值为 0.2445 V。

（3）玻璃电极-甘汞电极组成的复合电极。由玻璃电极和参比电极组成的复合电极示意图如图 2-30 所示。在 FB2200 酸度计中，实际使用的是玻璃电极

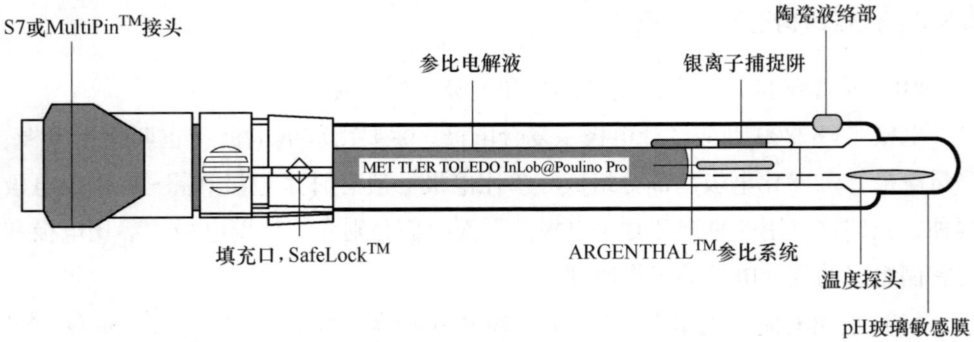

图 2-30 由玻璃电极和参比电极组成的复合电极示意图

和饱和甘汞电极组成复合电极，其内部是玻璃电极，玻璃电极外侧复合了参比电极，复合电极使用时候插入待测液中即可测量，避免了分别插入两个电极（图2-31）。工作原理：两个电极组成的复合电极原电池的电动势与 pH 值存在定量关系，因此可以通过复合电极和待测液组成的原电池的电动势来获得待测溶液的 pH 值。

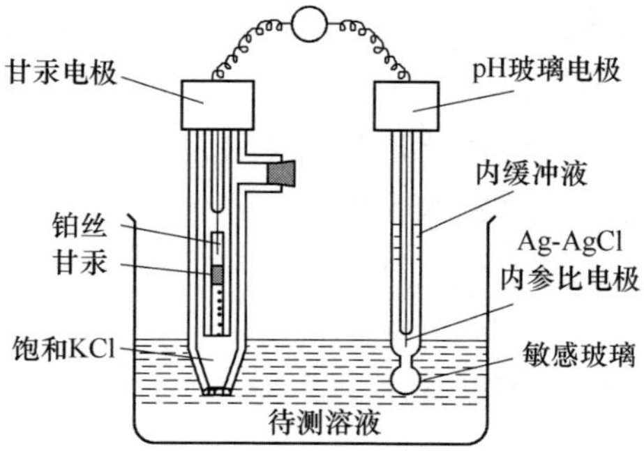

图 2-31　玻璃电极和甘汞电极测 pH 值

玻璃电极与甘汞电极组成的原电池的电动势为：

$$E = E_{正} - E_{负}$$

式中，$E_{正}$ 为甘汞电极的电极电势；$E_{负}$ 为玻璃电极和待测溶液产生的电极电势。所以 298 K 时：

$$E = E_{甘} - E^{\ominus}_{玻} - 0.059\text{pH}$$

不同玻璃电极的 $E^{\ominus}_{玻}$ 是不同的，而且同一玻璃电极的数据也随着时间而变化。为此，必须对玻璃电极先进行标定，即用一已知 pH 值的缓冲溶液先测出电动势 E_S：

$$E_S = E_{甘} - E^{\ominus}_{玻} - 0.059\text{pH}_S \tag{2-1}$$

然后测出未知溶液（其 pH 为 pH_X）的电动势 E_X：

$$E_X = E_{甘} - E^{\ominus}_{玻} - 0.059\text{pH}_X \tag{2-2}$$

由式（2-2）减式（2-1）可得：

$$\Delta E = E_X - E_S = 0.059(\text{pH}_S - \text{pH}_X) = 0.059\Delta\text{pH}$$

从上式可知当溶液的 pH 值改变一个单位时，电动势改变 0.059 V，即 59 mV。

在测定未知溶液 pH 值前，必须先用已知 pH 值的溶液进行标定，因此酸度计一般设有定位器。由于 ΔE 与温度 T 有关，酸度计还设有温度补偿器，以克服温度改变给测量带来的影响。

2.8.3 FB2200型酸度计使用说明

2.8.3.1 安全防护措施

A 操作人员防护措施

(1) 请不要在有电火花可至爆炸危险的环境中工作。

(2) 请使用化学品和溶剂时，遵照操作指南和实验室安全规程进行操作，以免造成人员损伤或仪表损坏。

B 操作人员安全预防措施

(1) 禁止拆卸仪器，如需维修请联系技服人员。

(2) 仪器可防溅水，但勿浸入水中。

C 请避免下列情形影响仪表性能

(1) 剧烈的震动或撞击。

(2) 湿度过大，高温或低温环境。

(3) 存在腐蚀性气体。

(4) 强电场磁场环境。

2.8.3.2 仪表操作

A 开机

接通电源，按电源开关打开仪器，预热15~20 min。

B pH电极的准备与清洗

(1) pH电极保存时电极头会旋紧在保护瓶中，使用时旋下保护瓶，然后保护瓶盖容易移上或移下。

(2) pH电极使用前后都需用纯水冲洗，用吸水纸吸干水分，不可用力摩擦电极球泡。

C 校准

为了确保测量结果的准确性，允许进行一点或二点校准。

(1) 校准的目的是把pH电极的电信号（电位值，mV）转化为对应的pH值，随着电极的不断使用或存储时间变长，同一根电极在相同样品（或标准缓冲液）中产生的电位值会有变化。

(2) pH电极初次使用前，或使用一段时间后都要做校准，保证测量的准确。校准缓冲液组内置在仪表软件中，则校准过程中仪表将自动识别您使用的标准缓冲液的pH值（自动识别缓冲液）。根据中国国家标准，内置的标准缓冲溶液组为JISZ8802。FB2200型酸度计使用表2-2中的数据，根据校准时的实时温度所对应的校准缓冲液的实际值进行校准。比如20 ℃时校准pH=9.18的缓冲液，仪表应当显示9.23。随温度编号，缓冲液pH值会有所变化，见表2-2。

表 2-2 缓冲溶液 pH 值随温度变化表

温度/℃	pH 值			
5	1.67	4.00	6.95	9.39
10	1.67	4.00	6.92	9.33
15	1.67	4.00	6.90	9.28
20	1.68	4.00	6.88	9.23
25	1.68	4.01	6.86	9.18
30	1.68	4.01	6.85	9.14
35	1.69	4.02	6.84	9.11
40	1.69	4.03	6.84	9.07

D 样品测量

将所有要使用的电极连接到相应的测量仪输入端。确保电极最近校准过并且运行正常。确保测量仪测量模式已设置为所需的测量参数。

（1）使用蒸馏水清洗 pH 电极，吸去多余的水，然后放到样品中。

（2）开始测量并等待读数稳定或到达预定的时间。

（3）测量稳定或达到设定的时间后，记录所有相关参数。

（4）取出电极，使用蒸馏水或合适的溶液清洗电极，滤纸吸去多余的水，然后放入下一样品中继续测试。

（5）测量所有样本后，使用蒸馏水或合适的溶液清洗电极，滤纸吸去多余的水，根据电极手册中的说明保存电极。戴上复合电极下部的保护帽和盖上参比电解液注入口的密封盖。如果 KCl 溶液液面太低，则需要添加 KCl 溶液。

2.9 分光光度计及用吸光度测定浓度原理

2.9.1 概况

可见分光光度计，波长范围是 320~1100 nm 的连续光谱，能在可见、近红外光谱区域对样品物质作定性和定量分析。

2.9.1.1 主要技术参数

可见分光光度计的主要技术参数见表 2-3。

表 2-3 可见分光光度计的主要技术参数

产品型号	i2
波长范围/nm	320~1100
光谱带宽/nm	2
波长准确度/nm	±0.5
波长重复性/nm	0.2
吸光度准确度	±0.3% T
稳定性/$A \cdot h^{-1}$	0.001
杂散光	≤0.05% T
数据输出	USB
基线平直度/A	±0.001
打印输出	并行口
显示系统	128×64 位液晶显示器
钨灯、氘灯	进口
光度显示范围	0~200% T、-0.3~3 A、0~9999 C
外形尺寸/mm×mm×mm	460×380×180

2.9.1.2 工作环境

可见分光光度计工作环境如下：

(1) 仪器应安放在干燥的房间内，使用温度为 5~35 ℃，相对湿度不超过 85%。

(2) 使用时放置在水平稳固的工作台上，且避免强烈的震动或持续的震动。

(3) 在测量过程中，尽量避免强光照射。

(4) 空调和电风扇尽量不要直接对着仪器吹，避免影响仪器内部的热平衡，从而影响测量结果。

(5) 远离高强度的磁场、电场及发生高频波的电器设备，以免受干扰。

2.9.1.3 工作原理

紫外/可见分光光度法是根据被测物质分子对紫外可见波段范围单色光的吸收或反射强度来进行物质的定性、定量或结构分析的一种方法。

物质呈现特征的颜色，这是由于它们对可见光中某些特定波长的光线选择性吸收。实际上，一切物质都会对可见光和不可见光中的某些波长的光线进行吸收。但是，一切光线并不都是以相同的程度被物质吸收的。物质对不同波长的光线表现不同的吸收能力，叫作选择性吸收。各种物质对光线的选择性吸收这一性质，反映了它们分子内部结构的差异，即各种物质的内部结构决定了它们对不同光线的选择吸收。

朗伯-比尔定律（Lambert-Beer）是几乎所有的光学分析仪器的基础工作原理，它由朗伯定律和比尔定律合并而成。朗伯定律表明：如果溶液的浓度一定，则光对物质的吸收程度与它通过的溶液厚度成正比。比尔定律表明：如果吸光物质溶于不吸光的溶剂中，则吸光度和吸光物质的浓度成正比。两者合成后的数学表达式如下：

$$T = I/I_0 \tag{2-3}$$

$$A = KCL = -\lg I/I_0 \tag{2-4}$$

式中 T——透射率（是透射光强度与入射光强度之比）；

A——吸光度；

C——溶液浓度；

K——溶液的吸光系数；

L——液层在光路中的长度；

I——光透过被测试样后照射到光电转换器上的强度；

I_0——光透过参比测试样后照射到光电转换器上的强度。

朗伯-比尔定律的真正物理意义为：当一束平行的单色光通过某一均匀的有色溶液时，溶液的吸光度与溶液的浓度和光程的乘积成正比。虽然在现实中不能得到真正的单色光，但对常规测量来说已经足够。

朗伯-比尔定律假设的分析条件与实际的分析条件有偏离，因此在使用中就会出现可靠性的问题。在朗伯-比尔定律的推导中，至少有三个假设是与实际不相符的：（1）假设采用的是单色光；（2）入射光是平行光；（3）吸光粒子的行为相互无关，而且不论其数量和种类如何都是如此。此外，样品的处理、测量的光程、杂散光的影响、噪声的影响、光谱带宽的影响、化学因素的影响以及其他因素的影响都会使定律发生偏离。下面详细介绍一些影响因素：

（1）非单色光。在朗伯-比尔定律的推导过程中，都是采用单色光，而实际中不可能是真正的单色光，即使是选用仪器上设置的最小光谱带宽也是如此，非单色光的谱带宽度与使用仪器的光谱带宽有关，所用的光谱带宽越大，非单色光的谱带宽度就越大，光谱纯度就越差，由于实际的非单色光与假设的单色光不符，就产生了朗伯-比尔定律的偏差。

（2）非平行光。假设入射到样品上的光是真正的平行光，这在实际中也是不可能。不管在何种情况下，入射到样品上的光，总是有一个孔径角。这与假设入射到样品上的光是平行光不符，也产生了朗伯-比尔定律的误差（图2-32）。

（3）吸光物质成分之间的相互作用。在朗伯-比尔定律的推导中，假设所有的吸光粒子（分子或离子）的行为都是相互无关的，但是，这种情况只有在稀

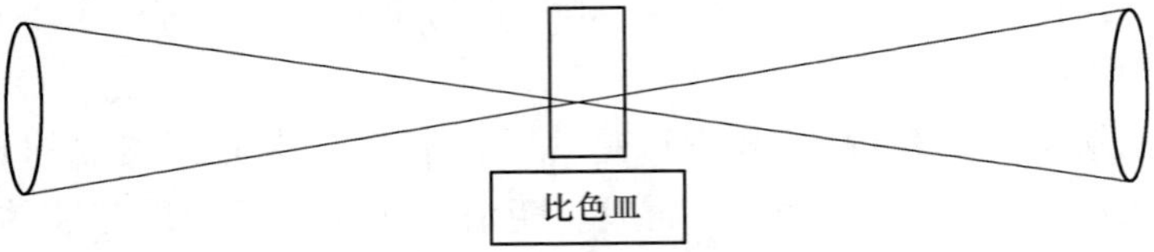

图 2-32 通过比色皿的实际光路

溶液（浓度≤0.01mol/L）中才存在。因为在浓度增大时，往往产生某些附加效应，如聚集、聚合或缔合作用、水解以及配合物配位数的改变等，这样就影响到物质的吸光效应。吸光粒子之间的相互作用必将改变吸光成分或被激发的成分，或改变电荷分布，从而改变对所吸收的入射光能量的要求，导致吸收峰的位置、形状和高度随着浓度的增加而改变。

（4）浓度对朗伯-比尔定律的影响。朗伯-比尔定律所描述的物质对光的吸收值（吸光度 A）、光程 b 和物质的浓度 C 呈线性关系。但是这只是在稀溶液时才成立。因为在高浓度时吸收成分之间的平均距离将缩小到一定程度，邻近质点彼此的电荷分布都会相互受到影响，将改变它们对特定辐射的吸收能力，这种影响的程度取决于物质的浓度，它可使吸光度与浓度之间的线性关系发生偏离。

（5）其他因素对朗伯-比尔定律的影响。杂散光、噪声、光谱带宽、化学因素和其他因素都会对朗伯-比尔定律产生影响。我们在常规的测试中很少考虑到以上因素的影响。

以 i2 型分光光度计为例，主机外表面如图 2-33 所示。

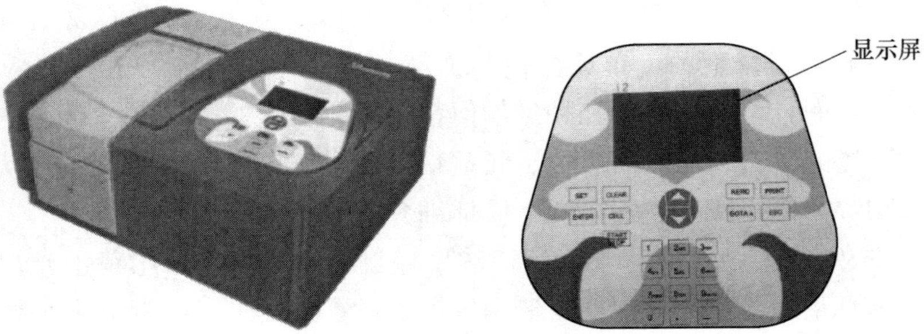

图 2-33 i2 型分光光度计

2.9.2 仪器开机和使用之前的注意事项

仪器开机和使用之前的注意事项如下：

（1）确认仪器的使用环境是否符合仪器要求的使用环境。

（2）仪器在连接电源时，应检查电源电压是否正常，接地线是否可靠，在得到确认后方可接通电源使用。

（3）在开机之前，需先确认仪器样品室内是否有物品挡在光路上，样品架是否定位好（一般是移动过样品架后需要注意的）。

（4）仪器的预热以及判定仪器是否能正常使用：

1）接通电源后，最好预热一段时间后使用，这样确保读出的数据更可靠。

2）若是新仪器，预热半个小时后，在 T 或 A 状态下观察仪器是否稳定，若稳定可正常使用。一般在 T(A) 状态下出现 99.9(0.001)、100.0(0.000)、100.1(-0.001) 来回跳动或小幅度的末位数字连续跳动，属于正常现象。

3）若仪器出现大幅度跳动，须与厂家取得联系，确定原因或解决问题后，方可正常使用。

4）若仪器长期未用，预热时间应相对长一些，同时在使用前，应观察其稳定性，要求与上述新仪器一样。

5）仪器使用前应对所用的比色皿进行配对处理，因为它能直接影响到您的测试结果。公司所标配的原装比色皿都是经过配对测试的，一般应控制在误差 0.2%T 以内。比色皿的透光表面，不能有指印或为洗净的残留痕迹。

2.9.3　仪器开启和自检

2.9.3.1　仪器开启

用电源线连接上电源，打开仪器开关，仪器开机后，显示欢迎界面。

2.9.3.2　系统自检

在显示欢迎界面几秒钟后，进入自检状态，仪器会自动对滤色片、灯源切换、检测器、氘灯、钨灯、波长校正、系统参数和暗电流进行检测。系统自检检测项目界面如图 2-34 所示。

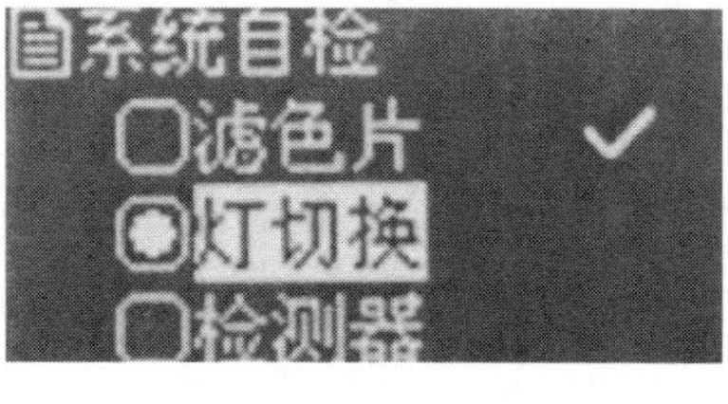

图 2-34　系统自检界面

如果某一项自检出错，仪器会自动鸣叫报警，同时显示错误项，用户可按任意键跳过，继续自检下一项。

例如，若暗电流太大，超过限定范围，仪器在自检到此项时，便不能通过，后面出现 X 号。此时可按任意键跳过，系统将继续自检下一项（图 2-35）。自检不过时应主动和厂家取得联系。

图 2-35 系统自检时“暗电流”出现错误

2.9.3.3 系统预热

仪器开机后，因电器件需要预热一定的时间后方可达到稳定状态，所以仪器需要预热约 20 min 后，方可正常使用。自检结束后，仪器进入预热状态，预热时间为 20 min，预热结束后仪器会自动检测暗电流一次。如使用过程中意外关机，或其他情况关机再开，可以不预热，按任意键跳过，直接进入测量页面。

2.9.4 光度测量

2.9.4.1 进入光度测量主界面

仪器自检结束后进入主菜单，此系列仪器主机功能主要有光度测量、定量测量、系统设定（图 2-36）。用仪器操作面板上的上下键可以切换到想要的功能选项。选定功能选项后，按“ENTER”键，即可进入所选的相应功能项。

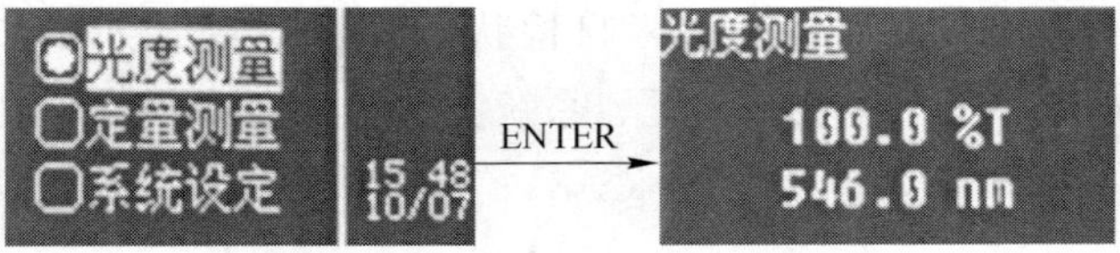

图 2-36 光度测量主界面

2.9.4.2 设定工作波长

在光度测量主界面或测量界面下，按“GOTOλ”键可以进入波长设定界面（图 2-37）。

图 2-37 波长设定界面

根据界面的提示，输入波长 480 nm，按“ENTER”键确认，自动返回上一级界面。

2.9.4.3 吸光度调零（调 0.000Abs/100.0%T）

将参比（也叫空白）样品推（拉）入光路中，按“ZERO”键对当前工作波长下的参比样品进行调 0.000Abs。注：光路在整个样品池中心位置。在实验八的分光光度法测定中，我们用去离子水作为参比。

2.9.4.4 进行测量

在光度测量主界面或测量界面下，当调 0.000Abs/100.0%T 完成后，把待测样品拉（推）入光路中，按“START”键即可在当前工作波长下对样品进行吸光度的测量，并记录所测得吸光度数值。全部测量结束后按“ESC”键退出测量记录界面。

注意：（1）在每次测量结束或溶液更换时，需要对比色皿进行及时清洗，用去离子水冲洗比色皿的内外壁，内壁用待测溶液润三次，外用滤纸吸干。全部测完后，将比色皿用去离子水洗净倒扣在培养皿中并盖上罩杯。

（2）每次使用后应检查样品室是否积存有溢出液体，需经常擦拭样品室，以防止废液对部件或光路系统的腐蚀。

2.10 电导率仪

2.10.1 简介

DDS-307A 型电导率仪，可以测量水溶液的电导率和总溶解固体（total dissolved solid，TDS），适用于石油化工、生物医药、污水处理、环境监测、矿山冶炼等行业及大专院校和科研单位。

2.10.2 安全提示

开始使用仪器前，请注意以下事项：

（1）请勿自行拆开仪器进行检查或维修；请勿将电缆和连接器放置在液体、潮湿或腐蚀性环境内，以防触电或损坏仪器。

（2）请使用本公司配置的适用于该仪器的电源适配器。

（3）如果电源线已损坏（导线外露或断裂）请勿再使用，以防触电。

（4）请勿在易燃易爆环境中使用，以免发生事故。

（5）若发现仪器损坏或变形等异常情况，请勿使用。

2.10.3 仪器结构

仪器正面和背面示意图如图 2-38 所示。

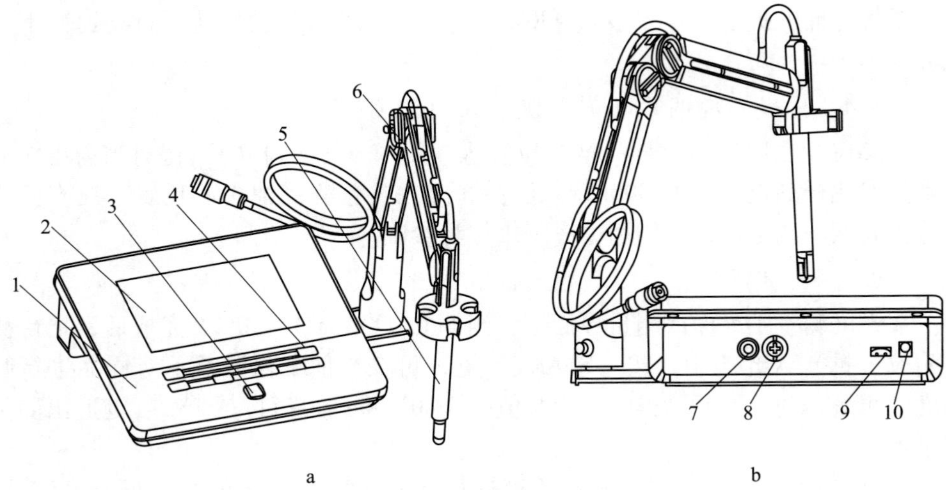

图 2-38　仪器正面（a）和背面（b）示意图

1—仪器外壳；2—显示屏；3—电源开关；4—功能选择按钮；5—电极；6—电极架；
7—接地接线柱；8—测量电极接口；9—仪器调试端口；10—电源插口

仪器按键功能说明见表 2-4。

表 2-4　仪器按键功能说明

序号	按键	说明	备　注
1	⏻	电源开关键	（1）按一下打开仪器电源； （2）按住 3 s 以上关机； （3）开机后可作为背光开关键使用
2	模式 /▲	模式键	（1）测量状态下切换电导率、TDS 显示； （2）设置功能时数值增加； （3）查阅功能时移动
3	存贮 /▼	存贮键	（1）存贮测量结果； （2）设置功能时数值减小； （3）查阅功能时移动
4	设置	设置键	（1）测量状态下进入设置功能； （2）标定状态下设置手动温度和标定类型
5	测量/删除	测量键	（1）平衡测量时，重复下次测量； （2）查阅结果时，删除测量结果
6	标定/确认	标定键	（1）测量时进入标定功能； （2）确认某个功能
7	取消	取消	放弃某个功能

2.10.4 仪器操作

2.10.4.1 开机

连接标配电源适配器，按开机键。仪器首先显示“DDS-307A”字样，并进行自检，稍后即进入测量状态。使用完毕，用户按住开关键 3 s 以上即可关机。

2.10.4.2 设置参数

A 设置 TDS 系数

仪器支持 TDS 测量，TDS 系数的设置默认为 0.5。在测量状态下，按“设置”键，选择设置 TDS 系数功能，按“确认”键后，通过上下键调节到合适的值，按“确认”键完成 TDS 系数输入。

B 设置温度值

本仪器支持自动温度补偿和手动温度补偿。如果使用手动温度补偿功能，需要用户用温度计测出被测溶液的温度，按“设置”键选择温度设置功能，按“确认”键后，通过上下键调节到指定的温度值，按“确认”键即可。

2.10.4.3 测量

测量开始前的准备：用户应该了解所需测量物质（样品）的性质、属性，常规测试的方法；了解仪器的基本操作、应用；了解常规电极的使用、保养。用户需先准备样品，或需要重新标定电极的标液等。

测量步骤如下：

(1) 将电导电极反复用蒸馏水清洗干净，用滤纸小心吸干电极表面的水分，用被测溶液润洗后放入被测溶液中。

(2) 等待数据稳定，稳定后读取测量结果。

(3) 如果有必要，可以按“存贮”键保存测量结果。

(4) 如果是平衡读数方式，数据稳定后，仪器将自动锁定测量结果（显示锁定标志，测量结果不再变化）；用户按“测量”键可以开始下一次测量。

(5) 测量结束后，关机，并按电极说明书要求保存电极。

2.10.4.4 仪器维护

仪器的正确使用与维护，可保证仪器正常、可靠地运行。此外，仪器经常接触到化学药品，使用环境比较恶劣，所以更需合理维护。

(1) 如果仪器长期不用，请注意断开电源。

(2) 仪器的电极插座须保持清洁、干燥，切忌与酸、碱、盐溶液接触。

(3) 本仪器外壳材料对某些有机溶剂［如甲苯、二甲苯和甲乙酮（MEK）］比较敏感。

(4) 如果液体进入外壳，可能会损坏仪表。若需清洁仪器外壳，请用沾有水及温和清洁剂的毛巾轻轻擦拭即可。

(5) 如果仪器长时间不用，请将防尘罩盖上。

2.11 制备实验常用仪器及其使用

2.11.1 加热装置

实验室常见的加热装置有酒精灯、酒精喷灯、煤气灯、电炉、电热板、恒温水浴、油浴、沙浴、管式炉、高温炉（马弗炉）等，这些加热装置的加热温度、使用范围各不相同，实验中可根据具体情况进行选择。

2.11.1.1 煤气灯

A 煤气灯的构造

煤气灯是实验室中最常见的加热器具，它的式样虽多，但构造、原理是相同的。它由灯管和灯座组成（图2-39）。灯管的下部有螺旋与灯座相连。灯管下部还有几个圆孔，为空气入口，旋转灯管，即可完全关闭或不同程度地开启气孔，以调节空气进入量。灯座侧面有煤气入口，可接上橡皮管把煤气导入灯内。灯座侧面或下面有一螺旋针形阀，用于调节煤气的进入量。

煤气灯的正常火焰分为三层（图2-40）。火焰的名称与对应的温度及燃烧情况见表2-5。

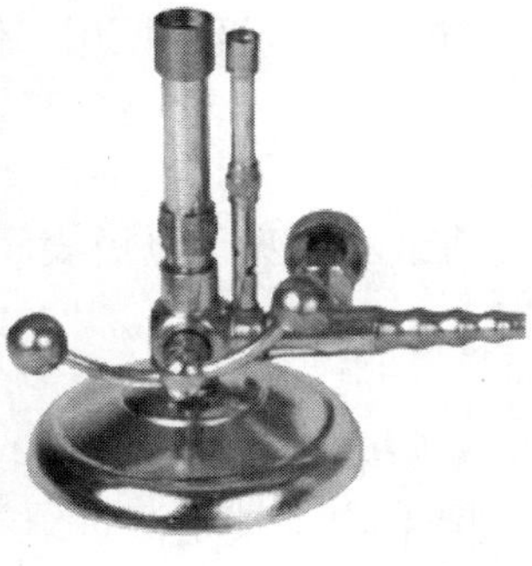

图2-39 煤气灯

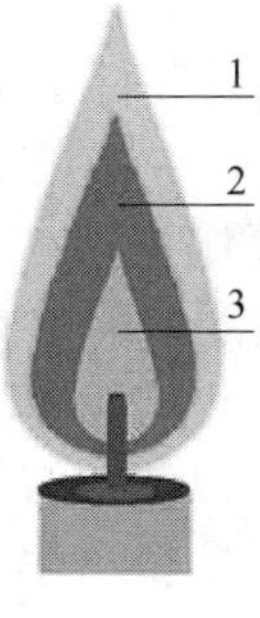

图2-40 正常火焰的各个部分

表2-5 火焰的名称与对应的温度及燃烧情况

区域	名称	火焰颜色	温度	燃烧反应
1	外焰(氧化焰)	淡紫	最高	煤气完全燃烧，过剩的空气使这部分火焰具有氧化性，最高温度处在还原焰顶端上部的氧化焰中，最高可达到1500 ℃(煤气的组成不同，火焰温度略有差异)。火焰呈淡紫色。实验时一般都用氧化焰加热，可避免加热的容器被熏黑
2	内焰(还原焰)	淡蓝	较高	煤气不完全燃烧，并分解为含碳的产物，所以这部分火焰具有还原性，温度较高，火焰呈淡蓝色
3	焰心	黑色	最低	即未燃区，由未燃烧的煤气与空气组成的混合物，温度约为300 ℃

B 煤气灯的使用方法

由于煤气中含有的CO是一种窒息性的有毒气体（燃烧产物无害，2CO+

$O_2 = 2CO_2$)，当煤气和空气混合到一定比例时，遇到火源即可发生爆炸，所以绝对不许把煤气瓶放在室内。不用时，一定要注意把煤气龙头关紧，离开实验室时再检查一下是否关好。

点燃煤气前，先旋转金属灯管使圈孔关小，空气入口不大，擦燃火柴，打开煤气龙头 2~3 min 以后，把煤气点着，旋转金属灯管或灯管外的铁环，调节空气进入量使火焰不发黄色。调节煤气和空气进入量，使煤气燃烧完全，此时可得到淡紫色分层的正常火焰。

若空气或煤气的进入量调节得不合适，会产生不正常的火焰。当煤气和空气的进入量都很大时，气流冲出管外，火焰在灯管上空燃烧，称为“临空火焰”(图 2-41a)。

当煤气进入量很小，空气的进入量很大时，煤气在灯管内燃烧，火焰呈绿色，细长，并发出特殊的“嘶嘶”声，这种火焰称为“侵入火焰”（图 2-41b)。侵入火焰常使灯管烧得很热，并有未燃烧完全的煤气臭味，如果出现这种现象，应立即将煤气关闭，重新点火调节。

如煤气量因某种原因突然减少时，就会产生侵入火焰，这种现象称为“回火”。遇到临空火焰或侵入火焰时都应立即关闭煤气阀门，重新调节和点燃。

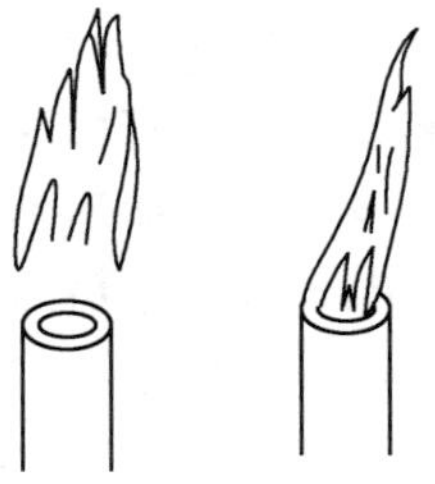

图 2-41 各种火焰

a—临空火焰；b—侵入火焰

C 煤气灯的简单维修

由于煤气中常夹有未除尽的煤焦油，久而久之，它会把煤气龙头和煤气灯内的孔道堵塞，一般可把金属灯管和螺丝针取下，用细铁丝畅通管道。堵塞严重时，可用苯洗去煤焦油。

2.11.1.2 酒精喷灯

酒精喷灯是用酒精做燃料的加热器具。常用的有挂式和座式两种。座式酒精喷灯构造如图 2-42 所示，喷灯下部为一燃料罐，可从灯座上的加液口加入酒精，

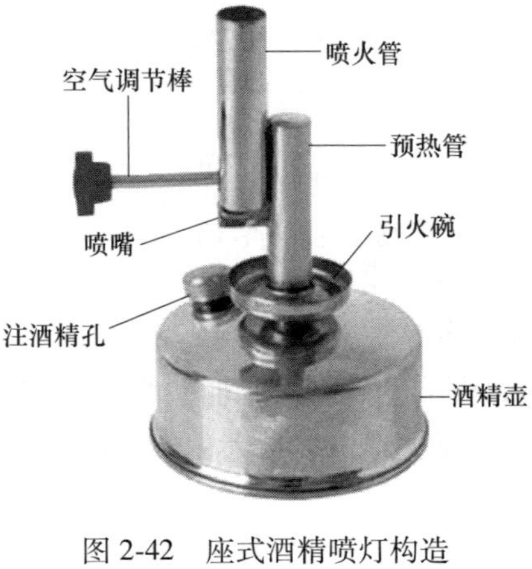

图 2-42 座式酒精喷灯构造

酒精储罐中酒精加入量不得超过储罐容积的 2/3。加入酒精后，必须盖好加液口的盖子以防不慎引燃罐内的酒精。燃料罐上方有一个预热槽。使用时，可在槽中装酒精并点燃，待槽内酒精快干时，灯管已被灼热，此时，罐内酒精汽化，从管口喷出，将划着的火柴移近管口，即可点燃。升降进气口调节杆调节进气量，以控制火焰的大小。

必须注意：在点燃喷灯前灯管必须充分预热，要使喷出的酒精全部汽化，否则，酒精呈液态喷出，易形成“火雨”，引起火灾，这也与酒精装得太多有关。挂式酒精喷灯不用时，应关闭储罐下的活塞开关，以免酒精漏失，酿成后患。

2.11.1.3　电炉和电热板

电炉和电热板（图 2-43a 和 b）可以代替酒精灯或煤气灯用于加热容器中的液体。可以通过调节变压器来控制温度。加热容器（烧杯、蒸发皿等）和电炉之间要隔一块石棉网，使之受热均匀。

电热板与加热容器的接触面是金属板，电流通过电热丝发热后再传到金属板上。电热板的加热面积比电炉大，用于加热体积较大或多个盛装待加热试样的烧杯。电热板比电炉预热时间长。

2.11.1.4　电热恒温水浴

电热恒温水浴常用于被加热物质要求受热均匀而温度又不能超过 100 ℃的低温加热实验，或有挥发性的易燃有机溶剂的加热。恒温水浴是利用热水或水蒸气加热（图 2-43c）。

a　　　　b　　　　c

图 2-43　电热设备

a—电炉；b—电热板；c—恒温水浴

使用方法和注意事项如下：

（1）向水浴锅内注入适量去离子水或者蒸馏水，如加入热水可节约加热时间。

（2）打开恒温水浴的盖子，放入盛有被加热物质的容器（烧杯或锥形瓶等）并固定好，注意浴箱里的水不要流入容器内。

（3）接好地线，打开电源开关，此时加热指示的红灯亮起，当达到所需温度时，调自动控制钮至断接点，即可保持箱内水温的恒定。此时恒温指示绿灯和红灯交替亮灭。

（4）加热时，槽内不要缺水，因炉丝套管是焊接密封的，缺水时易烧坏，使管内进水而烧坏炉丝或发生触电危险。

（5）使用完毕后应关闭电源，并及时放出水槽里的水。

2.11.1.5　管式炉和高温炉（马弗炉）

管式炉（图2-44）有一个管状炉膛，利用电热丝或硅碳棒来加热，温度较高，可达900 ℃以上。炉膛中插入一根耐高温的瓷管或石英管，瓷管中再放入盛有反应物的瓷舟，炉内可通入空气或其他气氛。

高温炉也叫马弗炉（图2-45），它和管式炉一样也是用电热丝或硅碳棒来加热的，加热元件为电炉丝的高温炉最高加热到1000 ℃，硅碳棒可加热到1300 ℃，马弗炉的炉膛为长方体，正面有一个炉门。使用时，可将试样放入坩埚或其他耐高温的容器中，打开炉门，用长柄坩埚钳将坩埚放入炉内，关好炉门进行灼烧。

图2-44　管式炉

图2-45　马弗炉

管式炉和马弗炉需用高温计测温，它由一副热电偶和一只毫伏表组成，如再连接一只温度控制器，则可通过自动程序控制炉温。

操作时应注意以下几点：

（1）升温时不能一次将温度调高，应分阶段逐渐升温。低温档处停15 min后可调到中温档，待电流增大后，再调至高温档。

（2）灼烧完毕后，高温炉应立即关闭加热键，不能断电，待温度降低到200 ℃以下才可以关闭电源。不要打开炉门冷却，以免炉膛骤冷碎裂。

（3）高温炉不使用时，应将炉门关好，以防耐火材料受潮气侵蚀，并将电闸拉下，切断电源。

（4）高温炉近旁不能放置精密仪器，也不要存放易燃物质，特别是有机物。在有高温炉的房间内要准备好灭火器材。

2.11.2　干燥设备

2.11.2.1　电热干燥箱

电热干燥箱又名“烘箱”，顾名思义，采用电加热方式进行干燥试验，最高使用温度为300 ℃，常用温度小于150 ℃。按照内胆材质分类，一般分为镀锌钢板和不锈钢内胆。按照干燥方式分类，分为鼓风干燥（图2-46）和真空干燥（图 2-47）两种。鼓风干燥就是通过循环风机吹出热风，保证箱内温度平衡；真空干燥是采用真空泵将箱内的空气抽出，让箱内大气压低于常压，主要用来干燥样品，也可以提供实验所需的温度环境。

图 2-46　电热鼓风干燥箱

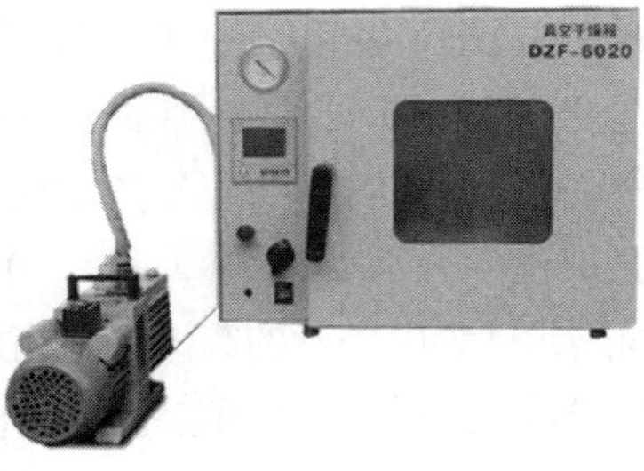

图 2-47　真空干燥箱

干燥箱使用时应注意：

（1）干燥箱用于试样的烘熔、干燥或其他加热用。最高工作温度为 300 ℃。干燥箱在环境温度不大于 40 ℃，空气相对湿度不大于 85%条件下工作。

（2）用专用的插头插座，并用比电源线粗 1 倍的导线接地。使用前检查电气绝缘性能，并注意是否有断路、短路及漏电现象。

（3）钢板最大平均负荷为 15 kg，放置切勿过重、过密，一定要留有空隙，工作室底板上不能放置样品。

（4）干燥箱内不应放对金属有腐蚀性的物质，如酸、碘等。禁止将要烘干的样品直接放在搁板上，应放在称量瓶、玻璃或瓷质器皿中。干燥箱内严禁放入易燃、易挥发物品，以防爆炸。

（5）工作时，箱门不宜经常打开，以免影响恒温场。

（6）工作时应有专人监测箱内温度，一旦温度失控，应及时断电检查，以免发生事故。

2.11.2.2　远红外干燥箱

远红外干燥箱，是中新型加热结构全自动恒温干燥箱，采用远红外辐射加热干燥技术，配备热敏电阻控测温仪，对快速干燥产品和测试样品具有良好的效果。远红外元件被加热后能辐射 2~15 μm 远红外线，当它被加热物体吸收时可直接转变为热能，从而获得快速干燥的效果，达到缩短生产周期、节约能源、提高产品质量等目的。电热干燥器一般先加热空气，再由热空气与目标物接触传热，使得其中的水分蒸发，达到干燥目的。由于空气流动性好，干燥箱内温度比较均衡。红外线干燥箱一般采用辐射加热，由于红外线的穿透力较好，可以使得目标物内外温度均衡，适合干燥厚度较大的物体。

远红外干燥箱使用时应注意：

（1）使用远红外干燥箱时，温度不能超过远红外干燥箱的最高使用温度，一般远红外干燥箱在 250 ℃以下。

（2）远红外干燥箱放置处要有一定的空间，四面离墙体要有一定距离，建议要有 2 m 以上。

（3）烘的物品排列不能太密，远红外干燥箱底部（散热板）上不可放物品，以免影响热风循环。

（4）禁止烘焙易燃、易爆物品及有挥发性和有腐蚀性的物品。

（5）烘焙完毕后先切断电源，然后方可打开工作室门，切记不能直接用手接触烘焙的物品，要用专用的工具或戴隔热手套取烘焙的物品，以免烫伤。

（6）烘烤物品时，顶部的排气口一定要开启，可根据要求调解大小。

2.11.3 固液分离的仪器和使用方法

固液分离一般有三种方法：离心分离法、倾泻法和过滤法。

2.11.3.1 离心分离法

实验室中常用于沉淀少量或胶体沉淀和颗粒很细的沉淀的固-液分离，离心机的使用见试管实验部分。

A 少量沉淀与溶液分离

少量的沉淀和溶液分离时不能用过滤法，因沉淀会粘在滤纸上难以取下，此时采用离心分离法分离，将盛有溶液和沉淀的离心试管在离心机中离心沉降后，用滴管吸出上清液而与沉淀分离。具体方法是用手指捏紧吸管的橡皮头，排除空气后将滴管轻轻插入上清液（切勿在插入溶液以后再捏橡皮头），缓缓放开手，溶液将慢慢进入管中，随试管中溶液的减少，将滴管逐渐下移至全部溶液吸入滴管为止。滴管末端接近沉淀时要特别小心，勿使滴管触及沉淀（图 2-48）。

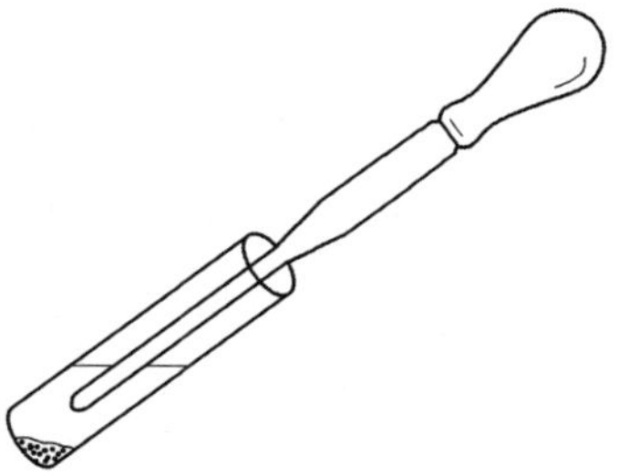

图 2-48 溶液与沉淀的分离

B 沉淀的洗涤

如果后续实验需要将沉淀溶解而鉴定之，则在溶解之前，必须将沉淀上的溶液和吸附的杂质吸取。常用蒸馏水或去离子水作洗涤剂，用滴管加数滴水（应沿小试管壁流下，但滴管下端不要碰内壁），使沉淀刚好浸没在水中，用玻璃棒搅拌，离心分离，溶液用滴管吸出，并尽可能吸尽。一般洗涤 2~3 次即可。必要时可检验是否洗净（取 1 滴分离后的洗涤液，加入适当溶剂，检查应洗去的离子是否存在），以决定是否要继续洗涤。此外，还应根据实验需要，决定是否应将第一次洗涤液并入离心液中。

C 沉淀的转移

如需将沉淀分成几份，可在洗净后的沉淀上加少许水，用玻璃搅匀后，用滴管吸出浑浊液转移至另一干净的小试管中。

2.11.3.2 倾泻法

倾泻法用来分离结晶颗粒较大或密度较大的沉淀（或晶体），这种沉淀或晶体容易沉降至容器底部。操作时，先将烧杯倾斜静置，待溶液和沉淀分层后，将玻璃棒竖搁在烧杯嘴上，慢慢将沉淀上部的清液沿玻璃棒倒入另一只烧杯中（图 2-49），而将沉淀尽可能留在烧杯内，使沉淀与溶液分离，如沉淀需要洗涤，则往沉淀中加入少量蒸馏水（或其他洗涤液），用玻璃棒充分搅拌、静置、沉降，倾去洗涤液，重复洗涤几次，即可洗净沉淀。

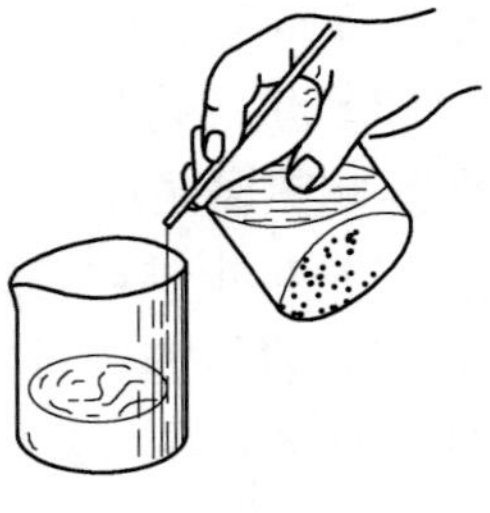

图 2-49 倾泻法

2.11.3.3 过滤法

过滤法是最常用的分离方法，根据沉淀的性质可选择不同的过滤方法。常用的过滤方法有常压过滤和减压过滤。

A 常压过滤

在常压下使用锥形玻璃漏斗过滤是最为简便和常用的方法。操作步骤如下：

（1）滤纸的选择。滤纸是最常用的过滤介质，其他过滤介质还有棉布、丝绸、多孔瓷板和多孔玻璃板等。

滤纸按燃烧后灰分的多少可分为定性滤纸和定量滤纸。定性滤纸灰分较多，适于做定性实验，而定量滤纸灰分的质量在分析天平上可忽略不计（所以也称无灰滤纸），因此适于做定量分析中的质量分析。滤纸按直径大小又可分为 7 cm、9 cm 和 11 cm 等规格。按滤纸纤维孔隙的大小还可分为快速、中速和慢速三种。使用时根据沉淀的性质和数量选用滤纸。

（2）漏斗的选择。选择细长颈的长颈漏斗。

（3）滤纸的折叠和安放。用洁净的手将滤纸对折两次，使其展开后成 60°的圆锥体（如图 2-50 所示，一边为一层，另一边为三层），然后把三层一边的外两层撕去一个小角，用食指把滤纸按在漏斗内壁上，使滤纸紧贴内壁。撕下的滤纸角保存在干燥的表面皿中，以备擦拭烧杯中残留的沉淀用。注意：如果漏斗的规格不标准（非 60°），滤纸和漏斗将不密合，这时需重新折叠滤纸，改变第二次对折的角度，以使滤纸紧贴漏斗内壁。

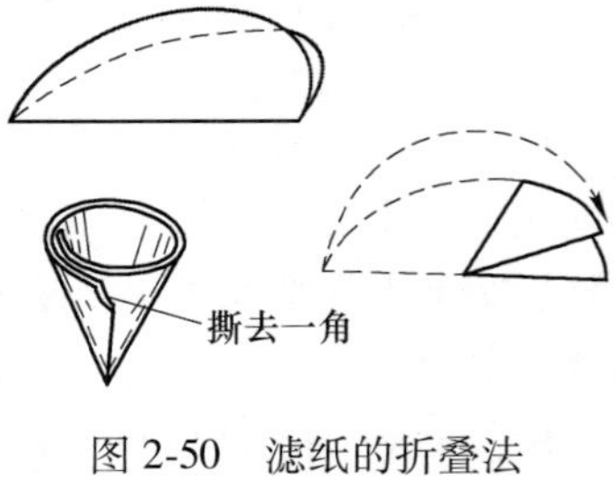

图 2-50 滤纸的折叠法

滤纸装好后，滤纸边缘应低于漏斗边 0.5~1 cm。此时可加水润湿滤纸，轻压滤纸赶去气泡，再加水至滤纸边缘，让漏斗颈内全部充满水并形成水柱。若颈内不能形成水柱，可用手指堵住漏斗下口，稍稍掀起滤纸一边，用洗瓶向滤纸和漏斗的空隙内加水，使漏斗颈与锥体的大部分被水充满，然后压紧滤纸边，松开堵在下口的手指，即可形成水柱。具有水柱的漏斗，由于水柱的重力牵引，使过滤速度加快。

（4）沉淀的过滤。过滤时漏斗要放在漏斗架上，漏斗下放一洁净的盛接滤液的烧杯，漏斗颈紧靠烧杯壁，转移溶液时，应按图 2-51 所示，将玻璃棒放在滤纸三层一侧的上方（注意玻璃棒尖不要顶在滤纸上），烧杯嘴紧靠玻璃棒使溶液沿玻璃棒缓缓流入漏斗中。随着溶液的倾入，玻璃棒应逐渐提高，以免触及液面，待漏斗中液面距滤纸边缘 5 mm 处时，暂时停止倾倒溶液，以免少量沉淀沿滤纸纤维向上越过滤纸，造成损失，待溶液流下后再继续倾倒。停止倾倒时，应注意烧杯嘴和玻璃棒上的溶液不掉在漏斗以外的任何地方，玻璃棒绝对不可以放在桌上或其他任何地方，也不可放在烧杯嘴处，以免沾在玻璃棒上的少量沉淀丢失或污染。

图 2-51　过滤

（5）沉淀的洗涤。沉淀表面往往吸附大量的母液，如果需要洗涤沉淀，则等溶液转移完毕并滤干后，往盛有沉淀的容器中加入少量洗涤剂，充分搅拌后，将洗涤液转移至漏斗中，如此重复操作几遍后将沉淀全部转移到滤纸上，再用洗瓶从滤纸边缘稍下一些的部位，按螺旋形向下冲洗，洗至达到要求为止。洗涤时要贯彻“少量多次”的原则，即每次用量要少，尽可能多洗几次。每次应等洗涤液流尽之后再加入洗涤液，以提高洗涤效率。

B　减压过滤

减压过滤又称抽滤或真空过滤。由于减压过滤速度快，抽得干，因此适用于颗粒较小的沉淀。但是却不适用于胶体沉淀和颗粒很细的沉淀。因为后者在减压下更容易透过滤纸，前者的颗粒容易堵塞滤纸孔，使过滤速度减慢。

减压过滤需要滤纸、布氏漏斗、抽（吸）滤瓶、安全缓冲瓶、抽滤泵（或真空循环水泵）等仪器。仪器的安装如图 2-52 所示。抽滤瓶口和安全瓶口均应安装胶塞，以防漏气，各仪器之间的连接应使用耐压的硬质白胶管或真空胶管，不能用乳胶管代替。抽滤是利用抽气泵使抽滤瓶中的压强降低，使抽滤瓶内形成负压，在布氏漏斗的液面上和抽滤瓶间造成一个压差，从而提高过滤速度。安全瓶防止自来水倒吸入抽滤瓶中而污染瓶内的滤液。

减压过滤的操作方法是：

（1）将滤纸剪成比布氏漏斗内径略小，但又能把全部瓷孔盖住。

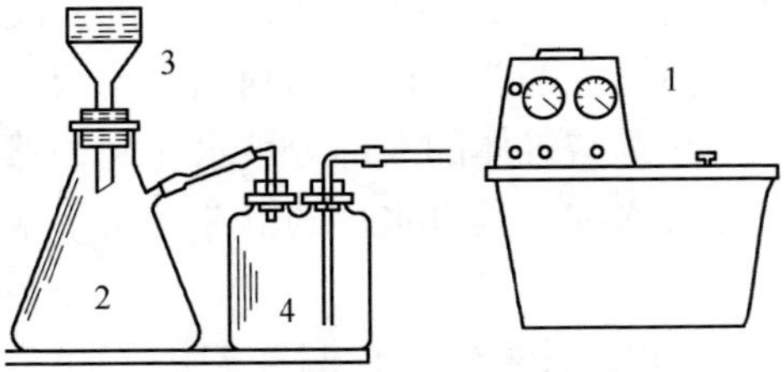

图 2-52 减压过滤的装置

1—水泵；2—吸滤瓶；3—布氏漏斗；4—安全瓶

（2）把滤纸放入漏斗内用少量水润湿滤纸，如果有缝隙一定要除去。

（3）使用循环水式多用真空泵进行减压过滤，先把安全瓶出口与真空泵抽气管接口之一连接。接通电源，打开电源开关，指示灯发亮，电动机转动带动循环水使抽滤瓶内压力逐渐降低，以达到减压过滤的作用。抽滤完毕，通常先拨开吸滤瓶与安全瓶相连的橡皮管，也可以拨开布氏漏斗塞子，然后再关电源开关；否则，循环水倒灌。有安全瓶就可以防止吸滤瓶内滤液受污染；若没有装安全瓶，循环水倒灌会污染吸滤瓶内的滤液。

洗涤沉淀时，拔掉橡皮管，加入洗涤液润湿沉淀，再接上橡皮管，控制真空度，让洗涤液慢慢透过全部沉淀。最后抽吸干燥，如沉淀需洗涤多次，则重复以上操作，洗至达到要求为止。

具有强酸性、强碱性或强氧化性溶液的过滤：这些溶液会与滤纸作用而破坏滤纸。若过滤后只需要留用溶液，则可用石棉纤维代替滤纸。将石棉纤维在水中浸泡一段时间，搅匀，然后倾入布氏漏斗内。减压，使它紧贴在漏斗底部。过滤前要检查是否有小孔，如有则在小孔上补铺一下石棉纤维，直至无小孔为止。石棉纤维要铺得均匀，不能太厚。过滤操作同上。过滤后，沉淀和石棉纤维混在一起，只能弃去。

若过滤后要留用的是沉淀，则用玻璃砂芯漏斗代替布氏漏斗（强碱不适用）。过滤操作同上。

热过滤：当需要除去热、浓溶液中的不溶性杂质，而又不能让溶质析出时，一般采用热过滤。过滤前把布氏漏斗放在水浴中预热，使热溶液在趁热过滤时，不至于因冷却而在漏斗中析出溶质。

2.12 纯 化 水

我国已建立了实验室用水规格国家标准（GB 6682—2008），规定了实验室用水技术指标、制备方法及检验方法。实验室用水的级别及主要指标见表 2-6。

表 2-6 实验室用水的级别及主要指标

指标名称	一级	二级	三级
pH 值范围(298 K)	—	—	5.0~7.5
电导率（298 K)/mS·m^{-1}	≤0.01	≤0.10	≤0.50
吸光度（254 nm，1 cm 光程）	≤0.001	≤0.01	—
二氧化硅含量/mg·L^{-1}	≤0.01	≤0.02	—

2.12.1 纯水的制备

实验室中，清洗仪器、配制溶液、分析测定都需要大量的纯水，但自来水含有各种杂质，不符合实验的要求。通常使用蒸馏或离子交换法获取纯净水。

2.12.1.1 蒸馏水

自然界的水经过蒸馏器冷凝制得的水叫蒸馏水。实验室中可用蒸馏烧瓶、冷凝管等仪器制取蒸馏水（图 2-53）。将自来水放入烧瓶中加热汽化，水蒸气上升经冷凝管冷凝后流入接收器中，成为蒸馏水。也有供实验室使用的电热蒸馏水器。一般蒸馏水装置所用材料是不锈钢、纯铝或玻璃。蒸馏水仍含有微量的杂质，一般在 25 ℃其电导率为 2.8×10^{-6} S/cm。

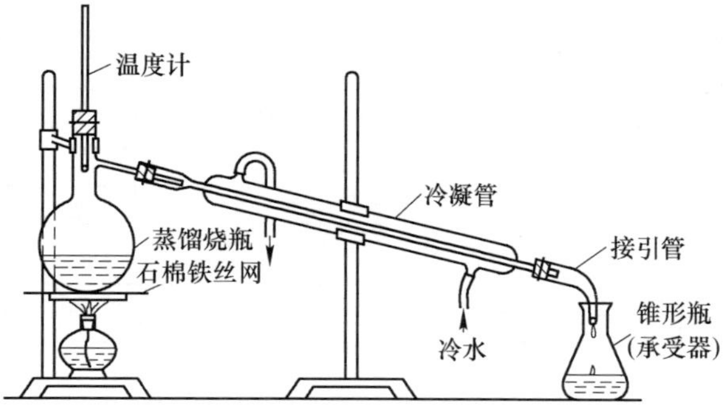

图 2-53 蒸馏的装置

2.12.1.2 去离子水

去离子水是指除去了呈离子形式杂质后的纯水。现在的工艺主要采用 RO 反渗透的方法制取。应用离子交换树脂去除水中的阴离子和阳离子，但水中仍然存在可溶性的有机物。

A 交换原理

离子交换法是将自来水依次通过装有阳离子、阴离子交换树脂的离子交换柱，以除去水中的杂质离子。

离子交换树脂是具有网状骨架结构的固态高分子聚合物。在其骨架结构上的活性官能团与水中的离子进行交换。如聚苯乙烯磺酸型阳离子交换树脂，就是苯乙烯和一定量的二乙烯苯的共聚物，经过浓硫酸处理，在共聚物的苯环上引入磺酸基（$—SO_3H$）而成的，它是强酸性的阳离子交换树脂。当树脂经过水浸，充分膨胀之后，骨架内的空隙扩大了，处在苯环上的磺酸基（$—SO_3H$）的氢离子便可与水中的阳离子（如 Ca^{2+}、Na^+、Mg^{2+}等）交换。

$$R—SO_3^-H^+ + Na^+ \rightleftharpoons R—SO_3^-Na^+ + H^+$$

$$2R—SO_3^-H^+ + Ca^{2+} \rightleftharpoons (R—SO_3^-)_2Ca^{2+} + 2H^+$$

式中，R 是苯乙烯和二乙烯苯的共聚物。

阴离子交换树脂是在共聚物的网状骨架上引入胺基等碱性基团，如季胺盐型强碱性阴离子交换树脂 $R\equiv N^+OH^-$，其中 OH^-离子可以与水中的阴离子 X^-进行交换：

$$R\equiv N^+OH^- + X^- \rightleftharpoons R\equiv N^+X^- + OH^-$$

B 交换装置

反渗透设备与电去离子（EDI）设备进行搭配制取去离子水的方式，这是一种制取超纯水的最新工艺，也是一种环保、经济、发展潜力巨大的超纯水制备工艺，其基本工艺流程为：

原水→多介质过滤器→活性炭过滤器→精密过滤器→反渗透设备→电去离子（EDI）→超纯水箱→超纯水泵→后置保安过滤器→用水点（图 2-54）。

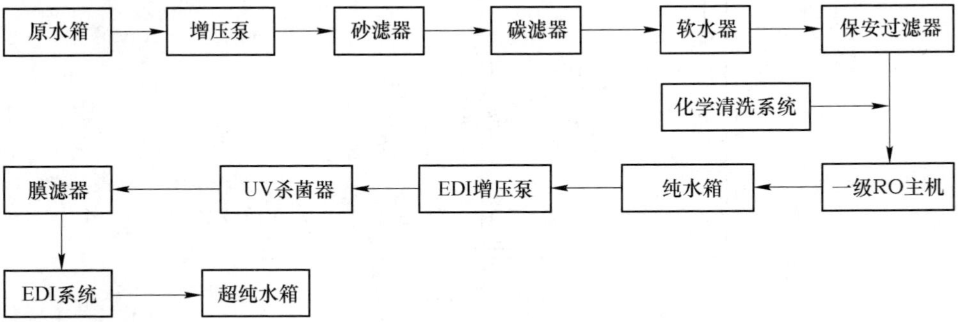

图 2-54 去离子水制备装置示意图

C 去离子水的质量检验

酸碱度：在两支试管中加入去离子水，一支试管中滴加甲基红指示剂不得显红色，另一支试管中滴加 0.1%的溴百里酚蓝指示剂不得变蓝色。

钙镁离子：取 10 mL 待查的去离子水，加氨性缓冲溶液（20 gNH_4Cl 加入 1 L 2 mol/L的 $NH_3 \cdot H_2O$ 溶液中），调 pH 值至 10 左右，加入铬黑 T 指示剂不得显红色。

氯离子：在试管中加入待检测的去离子水，用 2 mol/L HNO_3 酸化，再滴入 0.1 mol/L $AgNO_3$ 溶液 1 滴摇匀，不得有浑浊现象。

电导率：用电导率仪测定去离子水的电导率，以判断水的质量。水的纯度越高，杂质离子的含量越少，水的电阻率越高，电导率越低，一般去离子水的电导率在 25 ℃时为 4.0×10^{-5} ~ 8.0×10^{-7} S/cm。

2.12.2 水纯度的检验

由表 2-6 可知纯水质量的主要标志是电导率，因此可选用适用于测定高纯水的电导率仪（最小量程为 0.02 μS/cm）来测定。测定时，用烧杯接取 300 mL 水样，立即测定，如测定用的电导率仪无温度补偿功能，则应同时测量水温，并根据式（2-1）换算成 298 K 时的电导率，以便于和规定指标（298 K 的电导率）进行对比，确定水的纯度。

$$k_{298} = \alpha(k_t - k_p) + 5.48 \times 10^{-3} \tag{2-5}$$

式中 k_{298}——298 K 时水样的电导率，mS/m；

k_t——实测温度（K）时水样的电导率，mS/m；

k_p——实测温度（K）时理论纯水的电导率，mS/m；

α——实测温度（K）时的换算因数。

k_p 和 α 值列在表 2-7 中。

表 2-7 理论纯水的电导率（k_p）及电导率的换算因数 α

T/K	α	k_p/mS · m^{-1}	T/K	α	k_p/mS · m^{-1}
273.2	1.873	1.11×10^{-3}	293.2	1.111	4.14×10^{-3}
278.2	1.625	1.60×10^{-3}	298.2	1.000	5.48×10^{-3}
283.2	1.413	2.24×10^{-3}	303.2	0.903	7.10×10^{-3}
288.2	1.250	3.08×10^{-3}	308.2	0.822	9.08×10^{-3}

也可根据具体实验的需要测定纯水的某些杂质含量。如在配位滴定实验中，对水质有特殊要求，如对 Mg^{2+}、Ca^{2+}、Pb^{2+} 等能与 EDTA 反应的离子，能封闭铬黑 T 指示剂的 Cu^{2+}、Al^{3+}、Fe^{3+} 等离子含量有一定的要求。常用下述方法检查：在 500 mL 水中，加 1 mL pH = 10 的 $NH_3 \cdot H_2O$-NH_4Cl 缓冲溶液，加 1 滴 0.5% 铬黑 T 指示剂，如溶液为蓝色，可认为此纯水符合配位滴定的要求；如为红色或紫色，说明溶液中含有较多金属离子。为了进一步判断它们是什么离子，它们源自于纯水还是缓冲溶液，可以在溶液中滴加 0.01 mL/L EDTA 溶液，如溶液颜色变化不明显，或不能转变为蓝色，说明可能有封闭铬黑 T 的 Cu^{2+}、Al^{3+}、Fe^{3+} 等离

子存在。若这些离子确系来自纯水中，则该水不适用。如只要 1 滴或几滴 EDTA 溶液即变蓝，说明可能存在 Mg^{2+}、Ca^{2+}、Pb^{2+} 等离子。这时可继续加水 50 mL，如溶液又变红，则判断 Mg^{2+}、Ca^{2+}、Pb^{2+} 等离子来自纯水中。再继续滴加 0. 01 mol/L EDTA 溶液至刚变为蓝色，加入 5 mL pH = 10 的氨性缓冲溶液，若溶液再变红，说明干扰离子来自缓冲溶液。使用这种水时，可根据实际情况和分析要求，考虑是否需要作空白校正。

2. 12. 3　水的硬度

水的硬度主要是指水中含有可溶性钙盐和镁盐。含有这两种盐量多的为硬水，含量少的为软水。可根据测定钙盐和镁盐的合量，或分别测定钙、镁的含量，前者称总硬度的测定，后者是钙、镁硬度的测定。各国硬度之间的换算列在表 2-8 中。

表 2-8　硬度值换算表

国别	单位	mmol/L	德国 /(°)DH	英国 /(°)clark	法国 /f	美国 /ppm
德国	mmol/L	1	5. 16	6. 99	10	100
	(°)DH	0. 178	1	1. 25	1. 78	17. 8
英国	(°)clark	0. 143	0. 80	1	1. 43	14. 3
法国	f	0. 1	0. 56	0. 70	1	10
美国	ppm	0. 01	0. 056	0. 070	0. 1	1

2. 12. 3. 1　硬度的表示单位

(1) 德国硬度。1 德国硬度（1°DH）相当于氧化钙含量为 10 mg/L，或是氧化钙浓度为 0. 178 mmol/L 时所引起的硬度。

(2) 英国硬度。1 英国硬度（1°clark）相当于碳酸钙含量为 14. 3 mg/L，或是碳酸钙浓度为 0. 143 mmol/L 时所引起的硬度。

(3) 法国硬度。1 法国硬度（1 f）相当于碳酸钙含量为 10 mg/L，或是碳酸钙浓度为 0. 1 mmol/L 时引起的硬度。

(4) 美国硬度。1 美国硬度（1 ppm）相当于碳酸钙含量为 1 mg/L，或是碳酸钙浓度为 0. 01 mmol/L 时引起的硬度。

我国硬度与德国的一致，所以有时也称为德国度。

2. 12. 3. 2　软、硬水的分类标准

水的硬度按德国度可以分为五种主要类型，见表 2-9。

表 2-9 软、硬水的分类

极软水	软水	微硬水	硬水	极硬水
0~4°DH	4~8°DH	8~16°DH	16~30°DH	>30°DH

我国生活用水要求硬度不超过 25°DH。

2.12.4 纯水的合理应用

不同的化学实验，对水的质量要求也不同，不能都用自来水，也不应都用去离子水，应根据实验要求，选用适当级别的纯水。在使用时，还应注意节约，因为纯水来之不易。

在本书的实验中，无机制备实验则根据实验要求与进展，决定在哪些步骤之前采用自来水，哪些步骤后采用去离子水；在化学分析、常数测定、定性分析等实验中都用去离子水或蒸馏水。如对纯水有实验要求的，会在实验中注明。

为了使实验室使用的去离子水（或蒸馏水）保持纯净，去离子水瓶要随时加塞。在装去离子水时，不要取出塞子和吸管。为了防止污染，在去离子水瓶附近不要存放浓盐酸、氨水等易挥发的试剂。

2.13 化 学 试 剂

试剂的纯度对实验结果准确度的影响很大，不同的实验对实验试剂纯度的要求也不相同，因此，必须了解化学试剂的分类标准。化学试剂按杂质含量的多少，分为若干等级。表 2-10 是我国化学试剂等级标志和某些国家的化学试剂等级标志的对照表。

表 2-10 化学试剂等级对照表

<table>
<tr><td rowspan="5">我国化学试剂等级标识</td><td>级别</td><td>一级品</td><td>二级品</td><td>三级品</td><td>四级品</td><td>五级品</td></tr>
<tr><td rowspan="2">中文标识</td><td>保证试剂</td><td>分析试剂</td><td>化学纯</td><td>化学用</td><td rowspan="2">生物试剂</td></tr>
<tr><td>优级纯</td><td>分析纯</td><td>纯</td><td>实验试剂</td></tr>
<tr><td>符号</td><td>G. R.</td><td>A. R.</td><td>C. P.</td><td>L. R.</td><td>B. R.，C. R.</td></tr>
<tr><td>标签颜色</td><td>绿</td><td>红</td><td>蓝</td><td>棕等</td><td>黄等</td></tr>
<tr><td colspan="2">德、英、美等国通用等级和符号</td><td>G. R.</td><td>A. R.</td><td>C. P.</td><td></td><td></td></tr>
</table>

试剂应该根据节约的原则，按实验的要求，分别选用不同规格的试剂。因同

一化学试剂往往由于规格不同，价格差别很大。不要认为试剂越纯越好，超越具体实验条件去选用高纯试剂，会造成浪费。

2.14 试纸的使用

2.14.1 试纸的种类

2.14.1.1 石蕊试纸和酚酞试纸

石蕊试纸有红色和蓝色两种。石蕊试纸、酚酞试纸用来定性检验溶液的酸碱性。

2.14.1.2 pH 试纸

pH 试纸包括广泛 pH 试纸和精密 pH 试纸两类，用来检验溶液的 pH 值。广泛 pH 试纸的变色范围是 pH=1~14，它只能粗略地估计溶液的 pH 值，精密 pH 试纸可以较精确地估计溶液的 pH 值，根据其变色范围可分为很多种，如变色范围为 pH=0.5~3，pH=3.8~5.4，pH=5.4~7.0，pH=8.2~10，等等，根据待测溶液的酸碱性，可选用某一变色范围的试纸。

2.14.1.3 淀粉碘化钾试纸

淀粉碘化钾试纸用来定性检验氧化性气体，如 Cl_2、Br_2 等。

当氧化性气体遇到湿的试纸后，则将试纸上的 I^- 氧化成 I_2，I_2 立即与试纸上的淀粉作用变成蓝色：

$$2I^- + Cl_2 = 2Cl^- + I_2$$

如气体氧化性强，而且浓度大时，还可以进一步将 I_2 氧化成无色的 IO_3^-，使蓝色退去：

$$I_2 + 5Cl_2 + 6H_2O = 2HIO_3 + 10HCl$$

可见，使用时必须仔细观察试纸颜色的变化，否则会得出错误的结论。

2.14.1.4 醋酸铅试纸

醋酸铅试纸用来定性检验硫化氢气体，当含有 S^{2-} 的溶液被酸化时，逸出的硫化氢气体遇到试纸后，即与之上的醋酸铅反应，生成黑色的硫化铅沉淀，使试纸呈褐黑色，并有金属光泽。

$$Pb(Ac)_2 + H_2S = PbS\downarrow + 2HAc$$

当溶液中 S^{2-} 浓度较小时，则不易检验出。

2.14.2 试纸的使用

在化学实验中经常使用某些试纸来定性或半定量检测一些液体或气体的性质或某些物质的存在。试纸具有制作简单、使用方便、反应快速等特点。各种试纸都应密封保存，以免被实验室里的气体或其他物质污染而变质、失效。

（1）石蕊试纸和酚酞试纸。用镊子取小块试纸放在干燥。洁净的表面皿边缘或滴板上，用玻璃棒将待测溶液搅拌均匀，然后用玻璃棒末端沾少许溶液接触试纸，观察试纸颜色的变化，确定溶液的酸碱性。切勿将试纸浸入溶液中，以免弄脏试液。

（2）pH 试纸。pH 试纸用法同石蕊试纸，待试纸变色后，与色阶板比较，确定 pH 值或 pH 值的范围。

（3）淀粉碘化钾试纸和醋酸铅试纸。将小块试纸用蒸馏水润湿后放在试管口。须注意不要使试纸直接接触溶液。

使用试纸时，要注意节约，除把试纸剪成小块外，用时不要多取。取用后，马上盖好瓶盖，以免试纸沾污。用后的试纸丢弃在垃圾桶里，不能丢在水槽内。

2.15　加热与冷却

2.15.1　加热方法

2.15.1.1　直接加热

A　直接加热液体

直接加热液体适用于较高温度下不分解的溶液或纯液体。少量的液体可装在试管中加热，具体操作见第 2.2 节。

如需要加热的液体较多，则可放在烧杯或其他器皿中。可以选择铁架台和三脚架作为支架，加热源可以选择煤气灯、酒精灯、电炉和电热板。务必保证受热均匀。所盛液体不应超过烧杯容量的 1/2 和烧瓶的 1/3（如图 2-55 所示，烧瓶需要固定）。烧杯加热时还要适当地搅动内容物，以防暴沸。圆底烧瓶还可以用电热套加热。

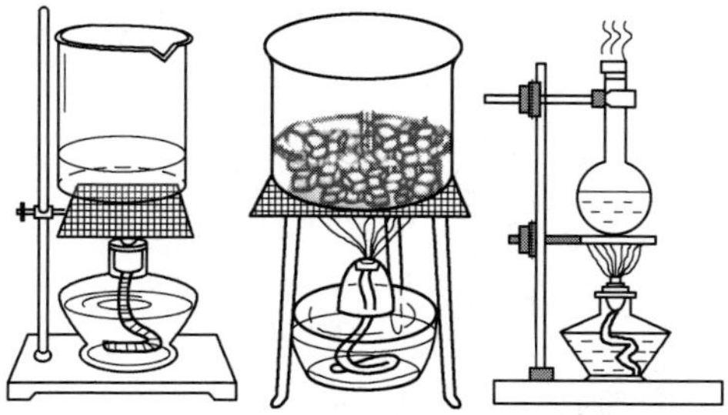

图 2-55　加热液体的常见装置

B　直接加热固体

少量固体药品可装在试管中加热，加热方法见第 2.2 节。

较多固体的加热，应在蒸发皿中进行。先用小火预热，再慢慢加大火焰，火也不能太大，以免溅出，造成损失。要充分搅拌，使固体受热均匀。需高温灼烧时，则把固体放在坩埚中，用小火预热后慢慢加大火焰，直至坩埚红热，维持一段时间后停止加热。稍冷，用预热过的坩埚钳将坩埚加持到干燥器中冷却。

2.15.1.2 水浴加热

当被加热物质要求受热均匀或不能用明火加热，而温度又不能超过 373 K 时，采用水浴加热。若把水浴锅中的水煮沸，用水蒸气来加热，即成蒸气浴。可以搭建水浴加热装置加热（图 2-56），也可以采用磁力加热搅拌器和玻璃水浴锅加热，还可以使用水浴锅加热。尽可能使器皿底部的受热面积最大，进入水浴部分一般不超过 2/3。水浴锅内盛放水量不超过其总容量的 2/3，在加热过程中要随时补充水以保持原体积，切不能烧干。在蒸发皿中进行蒸发、浓缩操作时，也可以在水浴上进行，这样比较安全。

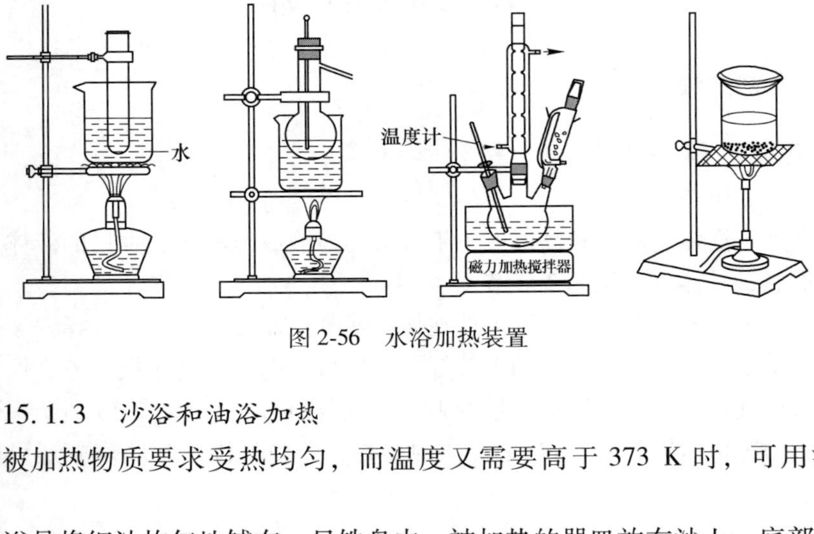

图 2-56 水浴加热装置

2.15.1.3 沙浴和油浴加热

当被加热物质要求受热均匀，而温度又需要高于 373 K 时，可用沙浴或油浴。

沙浴是将细沙均匀地铺在一只铁盘内，被加热的器皿放在沙上，底部部分插入沙中，用煤气灯加热铁盘。

用油代替水浴中的水即是油浴。

2.15.2 冷却方法

冷却方法有：

（1）流水冷却。需冷却到室温的溶液，可用此法。将盛有需冷却物品的容器直接用流动的水冷却。

（2）冷水冷却。将盛有冷却物品的容器直接放在冰水中。

（3）冰盐浴冷却。冰盐浴由冷却剂（冰盐或水盐混合物）组成，可冷至 273 K 以下。所能达到的温度由冰盐的比例和盐的品种决定，干冰和有机溶剂混合时，其温度更低。为了保证冰盐浴的效率，要选择绝热较好的容器，如杜瓦瓶等。

表 2-11 是常用的制冷剂及其达到的温度。

表 2-11 常用的制剂及其达到的温度

制冷剂	T/K	制冷剂	T/K
30 份 NH_4Cl+100 份水	270	125 份 $CaCl_2 \cdot 6H_2O$+100 份碎冰	233
4 份 $CaCl_2 \cdot 6H_2O$+100 份碎冰	264	150 份 $CaCl_2 \cdot 6H_2O$+100 份碎冰	224
29gNH_4Cl+18gKNO_3+冰水	263	5g$CaCl_2 \cdot 6H_2O$+4g 碎冰	218
100 份 NH_4NO_3+100 份水	261	干冰+二氯化锡	213
75gNH_4SCN+15gKNO_3+冰水	253	干冰+乙醇	201
1 份 NaCl（细）+3 份冰水	252	干冰+乙醚	196
100 份 NH_4NO_3+100 份 $NaNO_3$+冰水	238	干冰+丙酮	195

3 普通化学实验选编

实验一　水的总硬度及电导率的测定

第一部分　水的总硬度测定
（配位滴定法）

预习要求

（1）在预习报告中简要写出实验项目与实验步骤，并作出记录原始数据的表格。熟悉移液管和滴定管的使用方法。

（2）测定水的总硬度有何实际意义？采用 EDTA 滴定法怎样测出水的总硬度？

（3）配位滴定时为何要加入缓冲溶液，它起什么作用？本实验中为什么要控制 pH≈10？

（4）学习有效数字运算规则，考虑本次实验结果应保留有效数字的位数。

一、实验目的

（1）了解水的硬度的定义及水中的离子种类。

（2）掌握配位滴定法测定水的总硬度的基本原理和方法。

（3）准确掌握移液管和滴定管的使用方法。

二、实验原理

水的总硬度最初是指水沉淀肥皂的能力。普通的生活用水使肥皂沉淀的主要原因是水中存在 Ca^{2+}、Mg^{2+} 等离子，它们的硬脂酸盐难溶于水。Ca^{2+}、Mg^{2+} 是生活用水中的主要杂质离子，它们以碳酸盐、氯化盐、硫酸盐、硝酸盐等形式溶于水中。除此之外，水中还有微量的 Fe^{3+}、Al^{3+} 等。由于 Ca^{2+}、Mg^{2+} 远比其他几种离子含量高，所以通常用 Ca^{2+}、Mg^{2+} 的总量表示水的总硬度，其法定计量单位是 mmol/L。我国采用将 Ca^{2+}、Mg^{2+} 的总量折合成 CaO 的质量的方法来计算水的硬度，规定 1 L 水中含有 10 mgCaO 时为 1°，水的硬度就依这一规定计算得到。

在实践中，人们通常将水的硬度分为两种：水沸腾后能够沉淀的 Ca^{2+}、Mg^{2+} 的总量称为暂时硬度，以 $MgCO_3$、$Mg(HCO_3)_2$、$CaCO_3$、$Ca(HCO_3)_2$ 等形式存在；不沉淀的称为永久硬度，以 $CaSO_4$、$MgSO_4$、$CaCl_2$、$MgCl_2$ 等形式存在。两者之和称为水的总硬度。水的硬度越大，水质越差，就是我们通常所说的硬水。水的硬度过高，不仅对人们的生活和健康产生不良影响，还会影响工业产品的质量、增加生产成本，甚至造成生产事故，如锅炉用水硬度过高会在锅炉内壁结垢，使传热变慢，增加能耗，甚至由于锅垢脱落而使锅炉爆炸。

按国家规定，根据水的总硬度大小可将水质分类，如表 3-1 所示。

表 3-1　水质的分类

总硬度/(°)	水　质	总硬度/(°)	水　质
0~4	很软水	16~30	硬水
4~8	软水	30 以上	很硬水
8~16	中等硬水		

水的硬度是水质的一项重要指标。我国规定生活用水的硬度不得超过 25°，各种工业用水有各自具体的要求。

测定水的总硬度就是测定水中 Ca^{2+}、Mg^{2+} 的总量，一般采用配位滴定法，即在 pH=10（此时 EDTA 配位能力最强）的氨性缓冲溶液中，用酸性铬蓝 K-萘酚绿 B 混合指示剂（简称 K·B 指示剂）(注：在 Mg^{2+} 含量较低时，K·B 指示剂可提高终点变色的敏锐性)，以 EDTA(Na_2H_2Y) 标准溶液直接滴定水中的 Ca^{2+}、Mg^{2+} 离子。滴定反应表示如下：

滴定前：

$$\underset{(\text{蓝绿})}{K\cdot B} + M(Ca^{2+},Mg^{2+}) \xlongequal{pH=10} \underset{(\text{紫红})}{M\text{—}K\cdot B}$$

式中，M(Metal) 代表金属离子，这里指 Ca^{2+}、Mg^{2+}。M 可以和酸性铬蓝 K 生成红色螯合物，在萘酚绿 B 的衬托下，溶液呈紫红色。

滴定开始至终点来临前：

$$H_2Y^{2-} + M^{2+} = MY^{2-} + 2H^+$$

EDTA 与游离的 Ca^{2+}、Mg^{2+}配位，直至所有的游离 Ca^{2+}、Mg^{2+}都与 EDTA 形成了配合物，此时溶液一直是紫红色。

滴定终点时：

$$H_2Y^{2-} + \underset{(\text{紫红色})}{M\text{—}K\cdot B} = \underset{(\text{无色})}{MY^{2-}} + \underset{(\text{蓝绿})}{K\cdot B^{2-}} + 2H^+$$

EDTA 开始争夺与酸性铬蓝 K 配位的 Ca^{2+}、Mg^{2+}，使酸性铬蓝 K 从螯合物中解离出来，溶液从 M—K·B 配合物的紫红色变为 K·B 指示剂的蓝绿色。

水样中存在微量杂质离子 Fe^{3+} 和 Al^{3+}，可用三乙醇胺进行掩蔽。

三、仪器和药品

1. 仪器

50.00 mL 滴定管 1 支，100 mL 锥形瓶 3 只，25.00 mL 移液管 1 支，洗耳球 1 个和 100 mL 烧杯 1 只。

2. 药品

NH_3-NH_4Cl 缓冲液（pH=10），K-B 指示剂，三乙醇胺（1∶2）和标定好的 EDTA 标准液（约 0.02 mol/L）。

四、实验内容

1. 玻璃仪器的洗涤

按玻璃仪器的洗涤方法（详见第 2 章）洗干净 25.00 mL 移液管、50.00 mL 滴定管及三个 100 mL 锥形瓶及小烧杯，待用。

2. 水样总硬度测定

用移液管吸取 25.00 mL 自来水于 100 mL 锥形瓶中（注意：大肚移液管管尖处剩下的水不能吹下，需要靠壁停留 15 s），然后用滴管向其中滴加 6 滴三乙醇胺溶液，摇匀，再加入 10 滴 NH_3-NH_4Cl 缓冲溶液和 1 滴 K-B 指示剂，最后用 EDTA 标准液滴定。当整个溶液由紫红色变为蓝绿色时，即为滴定终点。配位反应速度较慢，故滴定时加入 EDTA 不能太快，特别是接近终点时，更要逐滴加入，充分振荡，以免造成 EDTA 过量，使滴定结果偏高。上述实验重复三次，每次滴定时 EDTA 均应从滴定管零刻线或近零刻线开始。

五、实验结果与讨论

将实验的原始数据及计算出的实验结果记入表 3-2。

表 3-2 实验数据和结果

水样		自来水		
序号		1	2	3
EDTA 溶液浓度/mol · L^{-1}				
水样量/mL				
EDTA 溶液体积	起始读数/mL			
	最终读数/mL			
	消耗 EDTA 溶液体积/mL			
平均消耗 EDTA 体积/mL				
水的总硬度/mmol · L^{-1}				
水的总硬度/(°)				
北京地区的水质				
保护水源的措施				

请将实验数据代入下面的公式，写出计算过程，并将计算结果填入上表。

（1）总硬度（用 mmol/L 表示）：

$$总硬度 = \frac{C_E V_E}{V_{水样}} \times 10^3$$

式中　C_E——EDTA 的浓度，mol/L；

V_E——消耗 EDTA 的体积，mL；

$V_{水样}$——水样的体积，mL。

（2）总硬度（用度表示）：

$$总硬度 = \frac{\frac{C_E V_E}{V_{水样}} \times 10^3}{10} \times 56$$

式中　56——CaO 的摩尔质量；

10——规定 1 L 水中含 10 mg CaO 时水的硬度为 1°。

六、实验后回答的问题

（1）测定水的总硬度有何实际意义？采用 EDTA 滴定法怎样测出水的总硬度？

（2）配位滴定时为何要加入缓冲溶液，它起什么作用？本实验中为什么要控制 pH≈10？

（3）根据实验测定的水总硬度与国家规定标准对比，分析北京地区水质。为了保护水源我们能做些什么？

第二部分　水的电导率的测定

预习要求

（1）认真阅读雷磁 DDS-307A 型电导率仪的使用方法。

（2）在预习报告中写出实验目的、原理及实验步骤，画出数据表。

一、实验目的

（1）了解水的纯度及电导率的关系。

（2）学会电导率仪的操作和使用。

二、实验原理

在天然水或自来水中含有无机和有机杂质，无机杂质有 Mg^{2+}、Ca^{2+}、SO_4^{2-}、

Cl^-及某些气体，为了净化水，通常采用蒸馏水和离子交换法，用蒸馏法提纯的水叫蒸馏水，用离子交换法来净化的水叫去离子水。

本实验是通过测定水样电导率的方法来确定水质的纯度。一般水中溶有可溶性电解质后其电导率增大。水中离子含量越低，其电导率越低，如表 3-3 所示。所以电导法是测定水质纯度的一种很好的方法。但含有机杂质的水，不可用此法测定。当然，测定水的纯度还可用其他办法，例如化学法。对水中的 Mg^{2+}、Ca^{2+} 离子可用相应的指示剂（铬黑 T 指示剂与钙指示剂）检出（电导的单位是西门子 $S=\frac{A}{V^{-1}}$，即 Ω^{-1}；比电导（电导率）：单位面积、单位长度时的电导，单位是 $\Omega^{-1}\cdot m^{-1}$，即 $S\cdot m^{-1}\Rightarrow S\cdot cm^{-1}$）。

表 3-3 中列出了几种水样的电导率数值的大致范围。

表 3-3　几种水样的电导率

水　样	自来水	蒸馏水	去离子水	最纯水（理论值）
电导率/$S\cdot cm^{-1}$	5.0×10^{-3} ~ 5.3×10^{-4}	2.8×10^{-6} ~ 6.3×10^{-8}	4.0×10^{-5} ~ 8.0×10^{-7}	5.5×10^{-8}

选用电导电极根据水样不同来确定。一般在测自来水的电导率时用铂黑电极，测蒸馏水、去离子水这些净化水的电导率时用铂光亮电极。测量时还要特别注意将电导电极铂片全部浸没在待测的水样中，不要使电极引线潮湿，否则测不准。高纯水盛入烧杯后应迅速测量，否则电导率将很快增加，因为空气中的 CO_2 溶入水中，变成 CO_3^{2-} 离子影响了电导率的数值。

三、仪器和药品

1. 仪器

雷磁 DDS-307A 型电导率仪和 50 mL 烧杯 3 个。

2. 药品

自来水、去离子水和蒸馏水。

四、实验内容

（1）打开雷磁 DDS-307A 型电导率仪，做好测量准备。

（2）用电导率仪分别测定蒸馏水、去离子水、自来水三种水样。

取 3 种水样约 40 mL 分别于 3 个 50 mL 的小烧杯中（注意：事先要用待测定的水润洗），并且用待测定的水冲洗电极，记录测量结果，比较所测水样纯度。

（3）测定后做好整理工作，将电极浸在蒸馏水中。

五、实验数据记录

将实验数据记入表 3-4 中。

表 3-4　实验数据记录

仪器名称		
仪器编号		
水样	仪器读数/$\mu S \cdot cm^{-1}$	电导率/$S \cdot cm^{-1}$

结论（比较三种水的纯度）：

六、实验后回答的问题

（1）试分析北京市的水质。

（2）结合实验结果分析水的纯度及电导率的关系。

实验二　醋酸解离常数的测定及稀释法配制准确浓度溶液的方法

预习要求

（1）认真阅读奥豪斯 FB2200 型电导率仪的使用方法。

（2）在预习报告中写出实验目的、原理及实验步骤，画出数据表。熟悉移液管及容量瓶的使用方法。在预习报告中要写出奥豪斯 FB2200 型酸度计的步骤及注意事项。

一、实验目的

（1）学会酸度计的使用。

（2）掌握稀释法配制准确浓度溶液的方法，学习移液管及容量瓶的使用。

（3）学习测定醋酸解离平衡常数的方法，加深对解离常数的理解。

二、实验原理

1. 稀释法配制准确浓度的溶液

稀释后溶液的浓度可由稀释定律求出：

$$c_1V_1 = c_2V_2$$

式中，c_1 为稀释前溶液的浓度；c_2 为稀释后溶液的浓度；V_1、V_2 分别为所取被稀释溶液的体积和稀释后溶液的体积。

根据有效数字运算规则，若 c_1 只有两位有效数字，则得到的 c_2 最多只有两位有效数字。同理，若 c_1 是具有四位有效数字的准确浓度，若所取的体积 V_1 或所配溶液的体积 V_2 中有一个不准（即不具有四位有效数字），则所配溶液的浓度也不准确。要得到四位有效数字的 c_2，则 c_1、V_1 及 V_2 必须有四位有效数字。为此必须有一个准确浓度的标准溶液，并且标准溶液的体积 V_1 必须用移液管吸取，稀释溶液的体积必须用容量瓶来确定。

2. 醋酸的解离常数测定

醋酸 HAc 是一元弱酸，在水溶液中存在下列平衡：

$$HAc \rightleftharpoons H^+ + Ac^-$$

其标准平衡常数称解离常数 $K_a^\ominus$：

$$K_a^\ominus = \frac{[c(H^+)/c^\ominus][c(Ac^-)/c^\ominus]}{c(HAc)/c^\ominus}$$

设醋酸的起始浓度为 a mol/L 平衡时，$c(H^+) = c(Ac^-) = x$ mol/L，则

$c(HAc)=(a-x)$ mol/L，代入上式：$K_a^\ominus=\dfrac{x^2}{a-x}\approx\dfrac{x^2}{a}$，解离度 $\alpha=\dfrac{x}{a}\times100\%$。

在一定的温度下，醋酸起始浓度为 a mol/L 可用已知准确度的 NaOH 标准溶液标定（由教师完成），平衡时的 $c(H^+)$，可用酸度计（pH 计）测定已知浓度的 HAc 溶液的 pH 值，再据 $pH=-\lg[c(H^+)/c^\ominus]$ 求出 $c(H^+)$，进而算出 $K_a^\ominus(HAc)$ 和解离度 α。

由 pH 计测出的 pH 值，计算出的 $c(H^+)$ 只有两位有效数字，计算出的 $K_a^\ominus(HAc)$ 最多也只有两位有效数字。要得到有两位有效数字的 $K_a^\ominus$，要求 $c_{初}(HAc)$ 至少也有两位有效数字。

三、仪器和药品

1. 仪器

酸度计，100 mL 烧杯（3 个），10.00 mL 吸量管（1 支），100.00 mL 容量瓶（2 个），10 mL 量筒，100 mL 量筒（或量杯）各 1 个，洗耳球（1 个）。

2. 药品

HAc(约 0.2 mol/L)，准确浓度见试剂瓶标签；pH=4.00 标准缓冲溶液。

四、实验内容

必做实验：

（1）按正确方法洗涤移液管、容量瓶、量筒、烧杯。

（2）用实验室先标定好浓度约为 0.2000 mol/L(准确浓度以当天给定值为准，见试剂瓶标签）的 HAc 溶液，准确配制两份不同浓度的醋酸溶液。

将实验室已标定好浓度的 HAc 溶液（记为编号 3）装入 100 mL 小烧杯中（注意润洗），用移液管分别取 5.00 mL、10.00 mL 上述 HAc 溶液于洗净的两个 100 mL 容量瓶中，再用去离子水稀释至刻度线，摇匀。即得实验编号分别为 1 和 2 的两份醋酸溶液（计算此两份溶液的准确浓度，浓度计算值取几位有效数字？为什么?)。用小烧杯取未经稀释的原 HAc 溶液约 60 mL，为实验编号 3。将各浓度填入表 3-5。

表 3-5　两份不同浓度的醋酸溶液的配制

编号	被稀释溶液		稀释后溶液	
	浓度	体积	浓度	体积
	c_1/mol·L^{-1}	V_1/mL	c_2/mol·L^{-1}	V_2/mL
1				
2				
3				

(3) 对照 pH 计，熟悉仪器的各部件及使用方法。校正温度，用标准缓冲溶液（pH=4.00）对仪器进行定位。

(4) 测定上述编号 1，2，3 的三份 HAc 溶液的 pH 值。

用 1、2 溶液分别荡洗两个小烧杯后，依次倒入。测量时，按溶液浓度由稀到浓的顺序，用 pH 计分别测得它们的 pH 值。将测得的数据及计算结果填入下表并写出计算示例，最后计算 $K_a^\ominus$ 的平均值（注意各数据的有效数字）。

五、实验数据记录及计算

将实验数据及计算结果记录在表 3-6 中。

表 3-6 实验数据记录及计算 测定时的温度____℃

实验编号	$c(HAc)/mol\cdot L^{-1}$	pH 值	$c(H^+)/mol\cdot L^{-1}$	$K_a^\ominus(HAc)$	解离度 α
1					
2					
3					

计算示例（以 1 号试样为例）：

$$\overline{K_a^\ominus}(HAc) =$$

六、实验前应准备的问题

(1) 本试验测定醋酸解离常数的依据是什么？若改变所测 HAc 溶液的温度，则电离度 α 及解离常数 $K_a^\ominus$，将有无变化？

(2) 配制不同浓度的 HAc 溶液时，溶液瓶是否要用实验室标好的 HAc 溶液洗涤？为什么？

(3) 实验前要求学习有效数字的概念及其计算规则。

实验三　酸碱反应和沉淀反应

预习要求

（1）在预习报告中写出实验目的、原理，按照元素性质实验的预习报告的格式，画出实验记录表格。

（2）预习缓冲溶液的缓冲原理，计算出实验内容中第7（1）1）中所用HAc和NaAc(或NaOH）所需体积。

（3）写出实验内容中第7(2）的反应步骤并计算反应平衡常数。

（4）实验室中如何配制 $BiCl_3$ 和 $SbCl_3$ 的澄清溶液？

（5）根据溶度积规则计算确定分步沉积（实验内容中第5）中CdS、CuS沉淀的先后次序。

一、实验目的

（1）掌握水溶液中的酸碱平衡和沉淀溶解平衡以及平衡的移动。

（2）验证同离子效应和溶度积规则。

（3）学习缓冲溶液的配制及缓冲性能的鉴别。

二、实验原理

1. 酸碱反应及酸碱平衡

按照酸碱质子理论的观点，在水溶液中酸碱的解离、金属离子和弱酸根离子的水解均为酸碱反应。弱酸、弱碱的解离以及盐的水解均存在化学平衡。

如一元弱酸的解离：

$$HA \rightleftharpoons H^+ + A^-$$

其平衡常数称弱酸的解离常数，记作 $K_a^\ominus$，其表达式为：

$$K_a^\ominus = \frac{[c(H^+)/c^\ominus][c(A^-)/c^\ominus]}{c(HA)/c^\ominus}$$

解离度：

$$\alpha = \frac{c(H^+)}{c(HA)} \times 100\% = \frac{c(A^-)}{c(HA)} \times 100\%$$

从平衡移动的观点看，当溶液中 $c(H^+)$ 或 $c(A^-)$ 增加，则平衡向左移动，使弱酸的解离度降低。

高价金属离子或有些盐与水的反应即为水解反应，与多元弱酸的分步解离相似。值得注意的是有些盐类的水解，并不需要水解到相应的氢氧化物才生成沉淀，而是水解到某一中间产物，就生成了碱式盐沉淀，例如：

$$SnCl_2 + H_2O \rightleftharpoons Sn(OH)Cl(s) + HCl$$

$$SbCl_3 + H_2O \rightleftharpoons SbOCl(s) + 2HCl$$

$$BiCl_3 + H_2O \rightleftharpoons BiOCl(s) + 2HCl$$

上述 $Sb^{3+}(aq)$ 水解分为两步：

第一步： $$Sb^{3+}(aq) + H_2O = Sb(OH)^{2+}(aq) + H^+$$

第二步： $$Sb(OH)^{2+}(aq) + Cl^-(aq) = SbOCl(s) + H^+$$

从以上平衡可知，增加溶液中的 $c(H^+)$ 可抑制水解，而减少 $c(H^+)$ 可促进水解。此外，水解反应通常是吸热反应，因此加热将促进水解的进行。

2. 沉淀反应与沉淀溶解平衡

在难溶强电解质的饱和水溶液中，存在沉淀-溶解平衡：

$$A_mB_n \rightleftharpoons mA^{n+} + nB^{m-}$$

其平衡常数称为溶度积，记作 $K_{sp}^{\ominus}(A_mB_n)$，表达式为：

$$K_{sp}^{\ominus}(A_mB_n) = [c(A^{n+})/c^{\ominus}]_{eq}^{m} \cdot [c(B^{m-})/c^{\ominus}]_{eq}^{n}$$

将任意溶液中实际离子浓度的化学计量数次幂的乘积定义为离子积，用 J 表示：

$$J(A_mB_n) = [c(A^{n+})/c^{\ominus}]^{m} \cdot [c(B^{m-})/c^{\ominus}]^{n}$$

离子积 J 与溶度积 $K_{sp}^{\ominus}$ 之间有以下溶度积规则：

（1）$J>K_{sp}^{\ominus}$ 有沉淀析出，使 J 降低，直至 $J=K_{sp}^{\ominus}$；

（2）$J=K_{sp}^{\ominus}$ 为饱和溶液；

（3）$J<K_{sp}^{\ominus}$ 为不饱和溶液，若有固体 A_mB_n 存在，固体将不断溶解。

当混合溶液中几种金属离子均可与同一沉淀剂生成沉淀时，向混合溶液中滴加沉淀剂，哪种离子浓度与沉淀剂中有关离子的浓度的离子积 J 先达到 $K_{sp}^{\ominus}$，这种离子就先生成沉淀。根据此原理可以实现同一溶液中不同金属离子的分步沉淀。

当向难溶电解质的饱和溶液中加入含有相同离子的易溶强电解质，难溶电解质的溶解度会显著降低，称为同离子效应。如在 $BaSO_4$ 的沉淀溶解平衡系统中加入 $BaCl_2$（或 Na_2SO_4）就会破坏平衡，结果生成更多的 $BaSO_4$ 沉淀。当新的平衡建立时，$BaSO_4$ 的溶解度显著减小。

注意：沉淀剂的用量不是越多越好，有时过量的沉淀剂反而会使溶解度增加（如生成了配合物）。沉淀完全也不是指溶液中没有任何该离子。一般来说，溶液中残留的离子浓度，在定性分析中小于 10^{-5} mol/L，在定量分析中小于 10^{-6} mol/L，就可以认为沉淀完全。

一种难溶盐转化为另一种难溶盐，称为沉淀的转化。沉淀转化的难易，有时不仅与其溶度积的大小有关，更直接取决于其溶解度的相对大小。一般来说，向溶解度更小的电解质转化较容易实现，而反过来转化比较困难。

3. 缓冲溶液

（1）缓冲溶液的概念（缓冲溶液的缓冲原理）。缓冲溶液一般由一定浓度的共轭酸碱对所组成，如［HAc-NaAc］、［NH_4Cl-NH_4^+］等，它的缓冲作用表现为它具有在一定范围内抵御外来酸碱及稀释影响 pH 值变化的能力。现以 HAc-NaAc 所组成的缓冲溶液为例来说明：HAc 是弱电解质，在水溶液中只有部分电离，NaAc 是强电解质，在水溶液中可完全电离：

$$HAc \rightleftharpoons H^+ + Ac^- \tag{3-1}$$

$$NaAc \rightleftharpoons Na^+ + Ac^- \tag{3-2}$$

溶液中 HAc、Ac^-的浓度都比较大。由于同离子效应，抑制了 HAc 的解离，而使 H^+浓度变得更小。如果在此缓冲溶液中，加入少量的强酸，则加的 H^+与溶液中的 Ac^-结合成 HAc 分子，反应式（3-1）向逆方向进行，溶液中的 H^+增加不多，pH 值变动不大。如加入少量碱，则加入的 OH^-与溶液中的 H^+结合生成水分子 H_2O，从而引起 HAc 继续电离（即反应向右进行）以补充消耗了的 H^+，因此，溶液中的 H^+降低不多，pH 值变动不大。如果将溶液稀释（体积变化），虽然 H^+降低了，但 Ac^-也降低了，同离子效应减弱，促使 HAc 的电离增加，即产生的 H^+离子可维持溶液的 pH 值基本不变。通过类似的实验，可以明显地观察到缓冲溶液的缓冲作用。

缓冲溶液与非缓冲溶液的比较数据见表 3-7。

表 3-7　缓冲溶液与非缓冲溶液的比较

项　目	1.8×10^{-5} mol/L HCl	0.10 mol/L HAc-0.10 mol/L NaAc
1.0 L 溶液的 pH 值	4.74	4.74
加 0.010 mol NaOH(s) 后 pH 值	12.00	4.83
加 0.010 mol HCl 后 pH 值	2.00	4.66

（2）缓冲溶液的计算。缓冲溶液中的 H^+浓度取决于弱酸的解离常数和共轭酸碱浓度的比值，即从式（3-1）的解离过程来看：

$$c(H^+) = K_a^\ominus(HAc)\,\frac{c(HAc)}{c(Ac^-)/c^\ominus}$$

这一关系式实际上来源于弱酸 HAc 的平衡组成的计算，将等式两边分别取负对数：

$$-\lg[c(H^+)] = -\lg[K_a^\ominus(HAc)] - \lg\frac{c(HAc)}{c(Ac^-)}$$

$$pH = pK_a^\ominus(HAc) - \lg\frac{c(HAc)}{c(Ac^-)}$$

上式中共轭酸、碱的浓度分别是平衡时的 $c(HAc)$ 和 $c(Ac^-)$。除

$pK_a^{\ominus}(HAc)$ 或 $pK_b^{\ominus}(Ac^-)$ < 2 的情况外，由于同离子效应的存在，将平衡时 $c(HAc)$ 和 $c(Ac^-)$ 的浓度视为最初的浓度计算缓冲溶液的 pH 值一般是可行的，不会产生较大的误差。

当共轭酸碱的浓度相等时，$pH = pK_a^{\ominus}(HAc)$ 。例如用 HAc 和 NaAc 配制缓冲溶液，由于 HAc 的 $pK_a^{\ominus}$ 为 4.76，取 $c(HAc)/c(NaAc)$ 为 1，配制得到 pH = 4.76 的缓冲溶液，此时缓冲能力最大，用 HAc 和 NaAc 适宜于配制 pH 值为 3.76~5.76 的缓冲溶液，在这个范围内有较大的缓冲作用。

显然，当加入大量的强酸或强碱，溶液中的弱酸及其共轭碱或弱碱及其共轭酸中的一种消耗将尽时，就失去缓冲能力了。因此缓冲溶液的缓冲能力是有一定限度的。

三、仪器和药品

1. 仪器

试管，离心管，10 mL 量筒，多孔井穴板，玻璃棒，点眼棒，吸管，酒精灯和离心机。

2. 药品

酸：HAc(0.1 mol/L)，HCl(0.1 mol/L、2 mol/L、浓) 和 HNO_3(0.1 mol/L)。

碱：NaOH(0.1 mol/L)，$NH_3 \cdot H_2O$(0.1 mol/L、2 mol/L)。

盐：$PbCl_2$（饱和），$Pb(NO_3)_2$(0.1 mol/L、0.001 mol/L)，KI(0.1 mol/L、0.001 mol/L)，$MgSO_4$(0.1 mol/L)，$CuSO_4$（0.1 mol/L)，$CdSO_4$(0.1 mol/L)，Na_2S(0.1 mol/L)，$SbCl_3$(0.1 mol/L)，$BiCl_3$(0.1 mol/L)，NaAc(0.1 mol/L)，$AgNO_3$(0.1 mol/L)，K_2CrO_4(0.1 mol/L) 和 NaCl(0.1 mol/L)。

固体类：NaAc、NH_4Cl 和 $Fe(NO_3)_3 \cdot 6H_2O$。

指示剂：甲基橙、酚酞和 pH 试纸。

四、实验内容

1. 弱电解质解离的同离子效应

（1）在两支试管中各加 2 滴 HAc(0.1 mol/L)，再各加 1 滴甲基橙，观察溶液的颜色。向其中一支试管加少量固体 NaAc，用玻璃棒搅拌，待 NaAc 溶解后对比溶液的颜色。解释颜色变化的原因。

（2）在两支试管中各加 2 滴 $NH_3 \cdot H_2O$(0.1 mol/L)，再各加一滴酚酞，观察溶液颜色。与实验（1）相似，向其中一支试管加少量固体 NH_4Cl，搅拌溶解后对比溶液的颜色，加以解释。

2. 难溶电解质的同离子效应

取 1~2 滴 $PbCl_2$ 饱和溶液于试管中，滴加 1~2 滴 HCl(2 mol/L)，搅拌至出现白色沉淀，再滴加浓 HCl 至沉淀消失。此时生成了可溶性的 $H_2[PbCl_4]$，解释沉淀的生成，并从沉淀溶解得出结论。

3. 沉淀的生成

在试管中加 1 滴 $Pb(NO_3)_2$(0.1 mol/L)，再滴加 1 滴KI(0.1 mol/L)溶液，观察实验现象。

在另一支试管中滴加 1 滴 $Pb(NO_3)_2$(1×10^{-3} mol/L)，再滴加 1 滴 KI(1×10^{-3} mol/L) 溶液，观察实验现象。

根据 $K_{sp}^{\ominus}(PbI_2) = 8.3\times10^{-9}$，通过计算解释实验现象，计算时应注意体积增大对离子浓度的影响。

4. 沉淀的溶解

在试管中加 3~5 滴 $MgSO_4$(0.1 mol/L) 溶液，逐滴加入 $NH_3 \cdot H_2O$(2 mol/L)，观察沉淀生成，写出离子反应方程式。再向此溶液中加入少量 NH_4Cl 固体，震荡，观察沉淀的变化，并解释沉淀变化的原因。

5. 分步沉淀

在离心管中加 3 滴 $CuSO_4$(0.1 mol/L) 和 6 滴 $CdSO_4$(0.1 mol/L) 溶液，再加 10 滴去离子水，搅拌均匀。逐滴加入 0.1 mol/L 的 Na_2S 溶液（注意：每加 1 滴 Na_2S 均要搅拌均匀)，观察生成沉淀的颜色。当加入 3 滴 Na_2S 后，离心分离。再在清液中加 1 滴 Na_2S(0.1 mol/L) 溶液，观察生成沉淀的颜色。若此时生成的仍是土色沉淀，则充分搅拌，再离心分离，依次操作直至清液中加 1 滴 Na_2S 溶液，出现纯黄色沉淀为止。记录所加 Na_2S 的滴数（不算最后一滴)。

估算把溶液中 Cu^{2+}完全沉淀为 CuS，所需 Na_2S(0.1 mol/L) 的滴数，解释实际加入滴数大于估算滴数的原因。推测若要使实际加入滴数接近估算滴数应如何操作?

注：CuS 呈黑色，CdS 呈黄色，实验中观察到的土色是黑色与黄色的混合色。

6. 盐的水解

(1) 取 2 支干燥试管，在一支试管中加入 1 滴 $SbCl_3$(0.1 mol/L) 溶液，另一支试管中加入 2 滴 $BiCl_3$(0.1 mol/L)，然后分别加入 1 mL 去离子水，观察现象，再分别滴加 1~2 滴浓盐酸，又有什么现象发生? 解释现象。

(2) 取少量固体 $Fe(NO_3)_3 \cdot 6H_2O$，用水溶解后观察溶液的颜色。然后将溶液分成三份，第一份留作比较用，第二份加 1 滴 HNO_3(2 mol/L) 溶液，第三份小火加热，比较颜色的差别，解释现象。

7. 设计实验

(1) 缓冲溶液和 pH 值。

1) 用 HAc(0.1 mol/L) 和 NaAc(0.1 mol/L) 或 NaOH(0.1 mol/L) 自行设计配制 pH 值为 5.0 的缓冲溶液 6 mL。按设计计算的体积，用量筒量取后在洁净

的烧杯中混匀。用 pH 试纸测定其 pH 值，与理论值比较。

2）将缓冲溶液分成两试管，分别加入 NaOH(0.1 mol/L) 4～5 滴和 HCl(0.1 mol/L) 4～5 滴，检验其抵御酸碱的能力（注：逐滴加入酸碱溶液并充分振荡，记录 pH 值的变化，验证缓冲溶液的缓冲能力)。

3）在另外两试管中加入与缓冲溶液相同体积的去离子水，分别加入同样浓度和体积的 NaOH 和 HCl 做同样实验，与 2）进行比较，可得出什么结论?

（2）沉淀的转化。已知 $K_{sp}^{\ominus}(AgCl)=1.77\times10^{-10}$，$K_{sp}^{\ominus}(Ag_2CrO_4)=1.12\times10^{-12}$。

利用浓度均为 0.1 mol/L 的 $AgNO_3$、K_2CrO_4、NaCl 溶液设计实现 Ag_2CrO_4 沉淀转化成 AgCl 沉淀的实验。解释观察到的现象。

五、设计前必须要回答的问题

（1）计算反应 $Ag_2CrO_4+2Cl^- = 2AgCl(s)+CrO_4^{2-}$ 的平衡常数，并估计 Ag_2CrO_4 易转化为 AgCl，还是 AgCl 易转化为 Ag_2CrO_4。从平衡常数大小说明体系中有过量的 CrO_4^{2-} 对 Ag_2CrO_4 转化为 AgCl 有无影响?

（2）当 Ag_2CrO_4（砖红色）沉淀转化为 AgCl（白色）沉淀时，可观察到哪些实验现象? 怎样选取 $AgNO_3$ 与 K_2CrO_4 的体积，才能保证预测的实验现象均能观察到?

六、实验过程中需要注意的问题

（1）将废液倒入指定的废液桶。

（2）试管的摆放：前短后长，倒置。

（3）药品的摆放和使用：标签向前，物归原位。

（4）酒精灯的使用：酒精填充度在 1/3～2/3 之间，用完后及时盖灭，不可吹灭！如发生酒精灯打翻起火，应迅速用湿布或门口的沙子盖灭，不得用水灭火。

实验四　配位反应

预习要求

（1）复习配位化合物的基本概念，了解配离子生成、解离及转化的基本原理。

（2）按第1章要求书写预习报告（实验内容部分，建议采用表格形式）。

（3）计算出实验内容中要求计算的平衡常数，写出实验内容中第7和8的实验方案。

一、实验目的

（1）试验配离子的生成及其在水溶液中的行为（包括配离子的解离、配离子的转化及配离子参与的多重平衡）。

（2）学习试管实验的实验条件设计方法。

二、实验原理

配盐是一种简单配合物，它由内界和外界组成。如硫酸四氨合铜（Ⅱ）（$[Cu(NH_3)_4]SO_4$），四氨合铜（Ⅱ）离子（$[Cu(NH_3)_4]^{2+}$）是内界；硫酸根离子（SO_4^{2-}）是外界。配盐如同普通的盐，在水溶液中可完全解离成内界、外界两部分。如 $[Cu(NH_3)_4]SO_4$ 在水溶液中完全解离成 $[Cu(NH_3)_4]^{2+}(aq)$ 和 $SO_4^{2-}(aq)$。内界也称为配离子，它由中心原子或离子和配位体组成。如 $[Cu(NH_3)_4]^{2+}$ 是由中心离子 Cu^{2+} 与配位体 NH_3 组成的。

在水溶液中某种配离子的形成实质上是该种配位体取代了水合离子（是水作为配位体的配离子）中的水分子，如：

$$[Fe(H_2O)_6]^{3+} + 6NCS^- = [Fe(NCS)_6]^{3-} + 6H_2O$$

通常简化为：

$$Fe^{3+}(aq) + 6NCS^-(aq) = [Fe(NCS)_6]^{3-}$$

这种配离子的生成反应也存在着平衡，其平衡常数称配离子的生成常数，记作 $K_f^\ominus$。

配离子的生成是逐级进行的，有一系列的平衡存在，如 $[Cu(NH_3)_4]^{2+}$：

	对应的平衡常数为逐级生成常数
$Cu^{2+} + NH_3 \rightleftharpoons [Cu(NH_3)]^{2+}$	$K_{f1}^\ominus$
$[Cu(NH_3)]^{2+} + NH_3 \rightleftharpoons [Cu(NH_3)_2]^{2+}$	$K_{f2}^\ominus$
$[Cu(NH_3)_2]^{2+} + NH_3 \rightleftharpoons [Cu(NH_3)_3]^{2+}$	$K_{f3}^\ominus$
$[Cu(NH_3)_3]^{2+} + NH_3 \rightleftharpoons [Cu(NH_3)_4]^{2+}$	$K_{f4}^\ominus$

常用的是总平衡反应，其相应的平衡常数称生成常数 $K_f^\ominus$，也可称为累积生成常数 β_n：

$$M + nL \rightleftharpoons ML_n \qquad \beta_n$$

式中，M 为中心离子；L 为配位体；n 为化学计量数。上式代表了金属离子 M 与配位体 L 反应生成配位体数为 n 的配离子 ML_n 的总平衡反应式。式中省略了离子电荷，下同。

累积生成常数与逐级生成常数之间的关系为：

$$\beta_n = K_{f1}^\ominus K_{f2}^\ominus K_{f3}^\ominus \cdots K_{fn}^\ominus$$

应强调指出的是当配位体的物质的量远大于中心离子的物质的量时，即配位体相对于中心离子过量较多时生成的配离子可以认为是累积生成常数最大的 n 级配离子。如在含 $Cu^{2+}(aq)$ 溶液中加入过量较多的 $NH_3(aq)$ 时，则形成的配离子可认为是 $[Cu(NH_3)_4]^{2+}(aq)$。

由于生成常数较大，所以通常情况下配离子的化学行为是原子团的化学行为，有如 NH_3、SO_4^{2-} 这些原子团的化学行为。但由于存在平衡，在水溶液中毕竟还存在着少量的水合离子，在某些情况下仍可表现出中心离子的化学行为。配离子参与的各种多重平衡就是由于少量的中心离子存在。配离子参与的多重平衡有：

（1）配离子间的转化。一种配离子可以转化成另一种更稳定的配离子。例如：

$$[FeCl_6]^{3-} + 6SCN^- = [Fe(SCN)_6]^{3-} + 6Cl^-$$

（2）沉淀与配离子间的转化：

$$AgBr + 2S_2O_3^{2-} = [Ag(S_2O_3)_2]^{3-} + Br^-$$

（3）配离子参与的氧化还原反应：

$$Cu(s) + Cu^{2+}(aq) + 4Cl^- \rightleftharpoons 2[CuCl_2]^-(aq)$$

可看作由

$$Cu(s) + Cu^{2+}(aq) \rightleftharpoons 2Cu^+(aq)\text{（氧化还原反应）}$$

$$Cu^+(aq) + 2Cl(aq) \rightleftharpoons [CuCl_2]^-(aq)\text{（配位反应）}$$

两反应加合而成。

（4）配离子生成平衡与弱酸解离平衡组成的多重平衡，如：

$$Mg(CO_3)_2^{2-}(aq) + 2H^+(aq) \rightleftharpoons MgCO_3(s) + CO_2(g) + H_2O$$

根据多重平衡原理，多重平衡的平衡常数等于加合该多重平衡的各分平衡的平衡常数的积。由此可以计算总反应的标准平衡常数 $K^\ominus$。如 $ML_n + nL' \rightleftharpoons ML'_n + nL$，其 $K^\ominus = \beta_n(ML'_n)/\beta_n(ML_n)$；又如 $MA(s) + nL(aq) \rightleftharpoons ML_n(aq) + A(aq)$；其 $K^\ominus = K_{sp}^\ominus(MA) \cdot \beta_n(ML_n)$。

根据多重平衡的 $K^{\ominus}$，可判断该反应的方向。若 $K^{\ominus}$ 数值很大，表示反应向正方向进行的程度大。反之，若 $K^{\ominus}$ 数值很小，表示该反应向逆向进行的程度大。

例如（2）中，总反应的 $K^{\ominus}=K_{sp}^{\ominus}(AgBr)\cdot K_f^{\ominus}([Ag(S_2O_3)_2]^{3-})=5.35\times10^{-13}\times 2.89\times10^{13}=15.46$。

$K^{\ominus}$ 较大，说明反应正向进行的程度较大。反应的方向不仅取决于 $K^{\ominus}$，还与沉淀剂和配位剂的离子浓度有关。要指出的一点是，有的配位反应的反应速率是比较慢的，所以为达其平衡状态，或尽可能达其平衡状态，要加热，使其缩短达到平衡状态的时间。在实验过程中若未观察到预测的实验现象（只要这预测是正确的），可加热观察。

很多金属的配合物具有特征颜色，并且难溶于水，故配合物经常用于分析化学中鉴定金属离子。例如在 Fe^{3+} 的溶液中加入 $K_4[Fe(CN)_6]$ 溶液，生成蓝色沉淀，成为普鲁士蓝：

$$xFe^{3+}+xK^{+}+x[Fe(CN)_6]^{4-} = [KFe(CN)_6Fe]_x(s)$$

在 Fe^{2+} 的溶液中加入 $K_3[Fe(CN)_6]$ 溶液，也生成蓝色沉淀，成为腾氏蓝：

$$xFe^{2+}+xK^{+}+x[Fe(CN)_6]^{3-} = [KFe(CN)_6Fe]_x(s)$$

这两个反应分别用来鉴定 Fe^{3+} 和 Fe^{2+}。实验已证明普鲁士蓝和腾氏蓝的组成结构是相同的，都是 $[KFe^{III}(CN)_6Fe^{II}]_x$。

而鉴定 Cu^{2+} 离子的特征反应式也是生成配合物：

$$2Cu^{2+}(aq)+[Fe(CN)_6]^{4-}(aq) = Cu_2[Fe(CN)_6]\downarrow(\text{红棕色})$$

三、仪器和药品

1. 仪器

离心机，酒精灯，试管（包括离心试管），吸管，玻璃棒，试管夹，火柴等。

2. 药品

固体类：$(NH_4)_2C_2O_4$。

液体类：HCl（浓、2 mol/L、1 mol/L），NaOH（0.1 mol/L），$NH_3\cdot H_2O$（0.1 mol/L、2 mol/L、6 mol/L、浓），$CuSO_4$（0.1 mol/L），$BaCl_2$（0.1 mol/L），Na_2S（0.1 mol/L），$HgCl_2$（饱和），KI（0.1 mol/L），$Fe_2(SO_4)_3$（0.1 mol/L），KSCN（0.1 mol/L），NaF（0.2 mol/L、1 mol/L），$AgNO_3$（0.1 mol/L），KBr（0.1 mol/L、0.5 mol/L），NaCl（0.1 mol/L），$Na_2S_2O_3$（0.1 mol/L、饱和），淀粉溶液（0.5%），$K_3[Fe(CN)_6]$（0.1 mol/L），$K_4[Fe(CN)_6]$（0.1 mol/L），I_2（水），$(NH_4)_2Fe(SO_4)_2$（0.1 mol/L），$ZnSO_4$（0.1 mol/L），$NiSO_4$（0.1 mol/L）和丁二肟（1%）。

四、实验内容

一般实验的实验内容如下。

1. 配离子的生成

(1) $[Zn(NH_3)_4]^{2+}$ 的生成。取 2 滴 $ZnSO_4$(0.1 mol/L) 溶液，加入 1 滴 $NH_3 \cdot H_2O$(2 mol/L) 溶液，观察沉淀的生成。然后继续加入 $NH_3 \cdot H_2O$(2 mol/L) 至沉淀消失，解释现象，写出反应方程式。

(2) $[HgI_4]^{2-}$ 配离子的生成。取 1 ~ 2 滴饱和 $HgCl_2$ 溶液，逐滴加入 KI (0.1 mol/L)，观察现象，继续滴加 KI(0.1 mol/L)，至沉淀消失。写出有关的反应方程式，并解释实验现象产生的原因。

注：HgI_2 是难溶化合物，呈橘红色。

2. $[Cu(NH_3)_4]^{2+}$离子的解离

(1) 在三支试管中分别滴加 1 滴 $CuSO_4$(0.1 mol/L) 溶液，在上述一支试管中加 1 滴 NaOH(0.1 mol/L)，另一支试管中加 1 滴 $BaCl_2$(0.1 mol/L)，第三支中加 1 滴 Na_2S(0.1 mol/L)。观察实验现象。

(2) 在试管中加 10 滴 $CuSO_4$(0.1 mol/L) 溶液，逐滴加入 $NH_3 \cdot H_2O$ (2 mol/L)，注意观察蓝色 $Cu_2(OH)_2SO_4$ 沉淀的生成，再继续滴加 $NH_3 \cdot H_2O$ (6 mol/L) 至沉淀完全溶解，并过量数滴。观察溶液的颜色。(思考：加入过量氨水目的是什么?)

(3) 用滴管吸取此溶液滴于三个试管中各三滴，再分别向这三个试管中加入 NaOH(0.1 mol/L)、$BaCl_2$(0.1 mol/L)、Na_2S(0.1 mol/L) 溶液各 1 滴。观察实验现象。

将 (1) 和 (3) 实验的实验现象进行比较，判别 (3) 发生了哪些反应，解释反应发生的原因。

3. Fe^{3+}(aq) 的配离子间的转化

(1) 取 2 滴 $Fe_2(SO_4)_3$(0.1 mol/L) 溶液，加入 HCl(浓)，观察溶液颜色的变化，判断发生了什么反应。再加 2 滴 KSCN(0.1 mol/L)，观察溶液的颜色，判断发生了什么反应。

(2) 取 2 滴 $Fe_2(SO_4)_3$(0.1 mol/L) 溶液，加 2 滴 KSCN(0.1 mol/L)，观察溶液的颜色。再滴加 NaF(0.2 mol/L)，观察溶液颜色的变化 (在溶液中加 F^-，使之与 Fe^{3+}生成配离子，这是分析中常用的掩蔽 Fe^{3+} 的方法)。

查出相应的 β_n，解释上述现象发生的原因。

4. Fe^{3+}、Fe^{2+}、Cu^{2+}和 Ni^{2+}的特征反应

(1) 取 4 滴 $Fe_2(SO_4)_3$(0.1 mol/L) 溶液，加 2 滴 $K_4[Fe(CN)_6]$ (0.1 mol/L)，观察现象。这是鉴定 Fe^{3+}的特征反应。

(2) 取 4 滴 $(NH_4)_2Fe(SO_4)_2$(0.1 mol/L) 溶液，加 2 滴 $K_3[Fe(CN)_6]$ (0.1 mol/L)，观察现象。这是鉴定 Fe^{2+}的特征反应。

(3) 取 4 滴 $CuSO_4$(0.1 mol/L) 溶液，加 2 滴 $K_4[Fe(CN)_6]$(0.1 mol/L)，

观察现象。这是鉴定 Cu^{2+} 的特征反应。

（4）丁二肟检验离子 Ni^{2+}：在试管中加入 2 滴 $NiSO_4$(0.1 mol/L) 溶液，再加 $NH_3 \cdot H_2O$(6 mol/L) 至溶液 pH 值在 10 左右（用 pH 试纸检验），然后滴加 1%的丁二肟溶液，观察有何现象。

要求在实验报告中写出上述四种离子特征反应的反应方程式。

5. AgBr 与 $[Ag(NH_3)_2]^+$ 的互相转换

取数滴 $AgNO_3$(0.1 mol/L) 溶液，逐滴加入过量的 $NH_3 \cdot H_2O$(2 mol/L) 至沉淀完全溶解，再加入数滴 KBr(0.1 mol/L) 溶液，观察实验现象。

取 1 滴 $AgNO_3$(0.1 mol/L) 溶液，加入 1 滴 KBr(0.1 mol/L) 溶液，再滴加（6 mol/L）的氨水 2 mL。振荡观察 AgBr(s) 溶解情况。

在写预习报告时，请计算反应 $AgBr(s) + 2NH_3 = [Ag(NH_3)_2]^+(aq) + Br^-(aq)$ 的 $K^\ominus$，根据 $K^\ominus$ 的数值大小判断反应进行的方向，用以解释所得的实验现象，解释为使 AgBr 更好溶解，为何不用浓度为 2 mol/L 的 $NH_3(aq)$，而要用 6 mol/L 的 $NH_3(aq)$？

6. 生成配离子对氧化还原性的影响

（1）试验：$Fe_2(SO_4)_3$(0.1 mol/L) 与 KI(0.1 mol/L) 的作用，$K_3[Fe(CN)_6]$(0.1 mol/L) 与 KI(0.1 mol/L) 的作用。

（为判别是否有 I_2 生成，可加 0.5%淀粉溶液。若溶液变蓝说明有 I_2 生成，若溶液不变蓝则说明没有 I_2 生成。）

（2）再试验：$K_4[Fe(CN)_6]$（0.1 mol/L）与 I_2 水的作用，$(NH_4)_2Fe(SO_4)_2$(0.1 mol/L) 与 I_2 水的作用。

（若溶液中含 Fe(Ⅱ) 的物种能还原 I_2 生成 $I^-(aq)$，则 I_2 的淀粉溶液应从蓝色退至无色，呈现出反应中氧化产物的颜色，注意加药顺序。）

在写预习报告时，请写出实验步骤，通过计算预测实验现象。

设计实验的实验内容如下：

7. 实验 AgCl 沉淀与 $[Ag(NH_3)_2]^+$ 的相互转换（参照实验内容 5.）

给定试剂：$AgNO_3$(0.1 mol/L)，NaCl(0.1 mol/L) 和 $NH_3 \cdot H_2O$(0.1 mol/L、2 mol/L、浓)。

在写预习报告时，请：

（1）计算 $AgCl(s) + 2NH_3(aq) \rightleftharpoons [Ag(NH_3)_2]^+(aq) + Cl^-(aq)$ 的 $K^\ominus$ 值，判别正向、逆向反应的难易。

（2）进行粗略平衡计算，判断由 AgCl 转化为 $[Ag(NH_3)_2]^+$ 的关键试剂是什么，其浓度和用量应怎样选择（参看 5 实验条件的设计原理）。

8. 实验 $[Ag(S_2O_3)_2]^{3-}$ 与 Ag_2S 的相互转换

给定试剂：$AgNO_3$(0.1 mol/L)，Na_2S(0.1 mol/L)，$Na_2S_2O_3$(0.1 mol/L、饱

和）和 NaCl(0.1 mol/L)。

在写预习报告时，请：

（1）计算 $2[Ag(S_2O_3)_2]^{3-}(aq)+S^{2-}(aq) = Ag_2S(s)+4S_2O_3^{2-}(aq)$ 反应的 $K^\ominus$。

（2）根据 $K^\ominus$ 的数值，判断反应是否可能向逆方向进行。

提示：为显示已制备了 $[Ag(S_2O_3)_2]^{3-}$ 离子，可用 $AgNO_3$ 与 NaCl 作用，再加 $Na_2S_2O_3$ 使 AgCl 溶解。

9. 趣味实验：山重水复

在试管中加入 2 滴 $AgNO_3$(0.1 mol/L) 溶液，然后按下列次序进行实验，观察现象。

（1）加入 1 滴 NaCl(0.1 mol/L) 溶液，观察沉淀的生成。

（2）滴加 $NH_3 \cdot H_2O$(2 mol/L) 溶液，至沉淀刚溶解。

（3）滴加 KBr(0.1 mol/L) 溶液，至生成沉淀。

（4）滴加 $Na_2S_2O_3$(0.1 mol/L) 溶液，边滴边振荡至沉淀刚溶解。

（5）滴加 KI(0.1 mol/L) 溶液，至生成沉淀。

（6）滴加 $Na_2S_2O_3$(饱和) 溶液，至沉淀刚溶解。

（7）滴加 Na_2S(0.1 mol/L) 溶液，至生成沉淀。

注：在生成沉淀的步骤中，沉淀剂量要少，即刚生成沉淀为宜。在沉淀溶解、生成配离子的步骤中，配位剂量要少，使沉淀刚溶解为止，因此必须逐滴加入，边滴边振荡。

根据以上实验比较 $[Ag(NH_3)_2]^+$、$[Ag(S_2O_3)_2]^{3-}$ 的稳定性，比较 AgCl、AgBr、AgI、Ag_2S 的溶解度大小。

讨论影响以上一系列反应进行方向的因素。

五、完成实验报告

（1）对实验现象进行给予解释。

（2）若实验中出现异常现象，请查找原因，给出解释。

实验五　氧化还原反应

预习要求

（1）复习电极电势的概念、能斯特方程及其在氧化还原反应中的应用。

（2）按第1章要求书写预习报告（建议采用表格形式），查出各反应中涉及氧化还原电对的标准电极电势值。据此分析每个实验的反应产物及实验现象。

（3）写出实验内容中第7的实验方案。

一、实验目的

（1）掌握几种常见氧化剂和还原剂的反应。

（2）学会用电极电势判断水溶液中氧化还原反应进行的方向。

（3）了解溶液酸碱性、沉淀反应、配合反应对氧化还原反应的影响。

二、实验原理

一个氧化还原反应必须有氧化剂和还原剂同时存在才可能发生。在反应中氧化剂得电子，还原剂失电子。因此一个含最高氧化数的物种（如 MnO_4^-），在反应中只可能作氧化剂，一个含最低氧化数的物种（如 I^-），在反应中只可能作还原剂，而含中间氧化数的物种（如 H_2O_2），在与较强的氧化剂（如 MnO_4^-、$Cr_2O_7^{2-}$ 等）反应时作还原剂，在与较强还原剂（如 I^-、Fe^{2+}）反应时作氧化剂，在有的条件下还可发生歧化反应，既作氧化剂又作还原剂。

水溶液中自发进行的氧化还原反应方向可由电极电势的数值加以判断。只有当氧化剂电对的电极电势值大于还原剂电对的电极电势值时，氧化还原反应才能自发进行：

$$E(\text{氧化剂电对}) > E(\text{还原剂电对})$$

或　　　原电池电动势 $E = E(\text{氧化剂电对}) - E(\text{还原剂电对}) > 0$

一般情况下，特别是介质不参与的氧化还原反应，当氧化剂电对与还原剂电对的标准电极电势 $E^\ominus$ 的差值大于 0.2 V 时，可直接用 $E^\ominus$ 判断氧化还原反应能否发生；而当 $E^\ominus$ 的差值小于 0.2 V 时，应考虑溶液中离子浓度及气体压力对电极电势的影响。当反应中生成沉淀，或形成配合物后，离子浓度剧烈改变，有可能引起氧化还原反应向相反方向进行，此时必须考虑离子浓度对电极电势的影响，用 Nernst 方程计算的非标准态电极电势 E 来判断氧化还原反应进行的方向。

例如，由于 $E^\ominus(Fe^{3+}/Fe^{2+}) > E^\ominus(I_2/I^-)$，所以反应

$$2Fe^{2+} + I_2 \longrightarrow 2Fe^{3+} + 2I^-$$

在标准状态下是不能进行的，而逆向反应可以进行。但是，如果设法使溶液中的 I^- 生成沉淀，使 I^- 浓度显著减小，上述反应就可能正向进行。如加入 Ag^+，使 I^- 与 Ag^+ 生成 AgI 沉淀。由 Nernst 方程可知，298 K 时 $E(I_2/I^-)$ 将改变：

$$E(I_2/I^-) = 0.5355\ \text{V} + \frac{0.0592}{2}\lg\left[\frac{c(I^-)}{c^\ominus}\right]^{-2}$$

由于 $c(I^-)$ 大大降低，将使 $E(I_2/I^-)$ 值增大，I_2 的氧化能力增大，则发生以下反应：

$$2Fe^{2+} + I_2 + 2Ag^+ \longrightarrow 2Fe^{3+} + 2AgI(s)$$

相反由于沉淀反应或配位反应的参与，可使原先能发生的反应变得不能发生了。例如，反应

$$2Fe^{3+} + 2I^- \longrightarrow 2Fe^{2+} + I_2$$

在标准状态下可以发生，但加入 F^- 后，生成配离子 $[FeF_6]^{3-}$，使 Fe^{3+} 离子浓度大大降低，即 $E(Fe^{3+}/Fe^{2+})$ 降低，Fe^{3+} 的氧化性降低，反应不能发生了。

溶液酸碱性对氧化还原反应有如下影响：

溶液酸碱性不同，可能使某些物种发生变化，如 Cr(Ⅵ) 在酸性介质中为 $Cr_2O_7^{2-}$，在碱性介质中为 CrO_4^{2-}；Fe(Ⅲ)、Fe(Ⅱ) 在酸性介质中分别为 Fe^{3+} 和 Fe^{2+}，在碱性介质中分别为 $Fe(OH)_3$ 和 $Fe(OH)_2$。

如果电极反应中包含 H^+ 或 OH^- 离子，溶液的酸碱性将会影响电极电势数值的大小，特别是半反应中 H^+ 或 OH^- 的化学计量数大的反应，如：

$$Cr_2O_7^{2-} + 14H^+ + 6e^- \longrightarrow 2Cr^{3+} + 7H_2O \qquad E^\ominus(Cr_2O_7^{2-}/Cr^{3+}) = 1.33\ \text{V}$$

而在碱性介质中：

$$CrO_4^{2-} + 4H_2O + 3e^- \longrightarrow Cr(OH)_3 + 5OH^- \qquad E^\ominus = -0.13\ \text{V}$$

又如：

$$O_2 + 4H^+ + 4e^- = 2H_2O \qquad E^\ominus(O_2/H_2O) = 1.229\ \text{V}$$

而

$$O_2 + 2H_2O + 4e^- = 4OH^- \qquad E^\ominus = +0.401\ \text{V}$$

有时在不同介质中的氧化产物或还原产物不同。如 MnO_4^- 的还原产物在酸性介质中是 Mn^{2+}(无色或肉色)，在弱酸性、中性、弱碱性介质中是 $MnO_2(s)$（棕色），在强碱性介质中是 MnO_4^{2-}(绿色)。其电极反应和标准电极电势分别为：

酸性溶液中：

$$MnO_4^- + 8H^+ + 5e^- = Mn^{2+} + 4H_2O \qquad E^\ominus = +1.507\ \text{V}$$

弱酸性、中性、弱碱性溶液中：

$$MnO_4^- + 2H_2O + 3e^- = MnO_2 + 4OH^- \qquad E^\ominus = +0.595\ \text{V}$$

强碱性介质中：

$$MnO_4^- + e^- = MnO_4^{2-} \qquad E^\ominus = +0.558\ \text{V}$$

三、仪器和药品

1. 仪器

试管，离心机，离心试管，玻璃棒，井穴板，酒精灯，火柴，滴管和试

管夹。

2. 药品

固体类：$Na_2SO_3(s)$ 和 $MnO_2(s)$。

液体类：

酸：H_2SO_4（2 mol/L、1 mol/L、0.01 mol/L），HCl（0.1 mol/L，浓），H_2O_2(3%)；

碱：NaOH(6 mol/L)；

盐：KI(0.1 mol/L、0.02 mol/L)，$KMnO_4$(0.01 mol/L)，$Na_2S_2O_3$(0.1 mol/L)，$K_2Cr_2O_7$(0.1 mol/L)，KIO_3(0.1 mol/L)，$(NH_4)_2Fe(SO_4)_2$(0.1 mol/L)，$AgNO_3$(0.1 mol/L)，$FeCl_3$(0.1 mol/L)，NaF(0.2 mol/L)，KBr(0.1 mol/L)，$BaCl_2$(0.1 mol/L)，$K_3[Fe(CN)_6]$(0.1 mol/L)，$K_4[Fe(CN)_6]$(0.1 mol/L)，KSCN(0.1 mol/L)。

其他：氯水、溴水、碘水、淀粉、CCl_4 和淀粉碘化钾试纸。

四、实验内容

1. H_2O_2 的氧化还原性

在井穴板的两个孔中，一孔加 1 滴 KI(0.1 mol/L) 溶液，另一孔中加 1 滴 $KMnO_4$(0.01 mol/L) 溶液，然后两孔中各加 1 滴 H_2SO_4(2 mol/L) 和 2 滴 H_2O_2(3%) 溶液。观察现象，写出反应方程式，说明 H_2O_2 在上述反应中各起的作用，用标准电极电势数值大小给予解释。

2. $Na_2S_2O_3$ 的还原性

（1）在井穴板的一孔中加入 2 滴氯水，再逐滴加入 $Na_2S_2O_3$(0.1 mol/L) 至氯气刺激性气味消失。检查产物中 SO_4^{2-} 的存在，写出反应方程式，用标准电极电势加以解释。

（2）在井穴板的另一孔中，加入 2 滴碘水，逐滴加入 $Na_2S_2O_3$(0.1 mol/L)，观察溶液颜色的变化，并用标准电极电势加以解释。该反应方程式如下：

$$2S_2O_3^{2-} + I_2 \longrightarrow S_4O_6^{2-} + 2I^-$$

3. 根据标准电极电势，判断下列氧化还原反应的方向，然后用实验加以证明：

$$K_2Cr_2O_7 + H_2SO_4 + Na_2SO_3(s) \longrightarrow$$

$$KMnO_4 + H_2SO_4 + KI \longrightarrow$$

记录实验现象，写出配平的反应方程式。

4. 溶液酸碱性对氧化还原反应的影响

（1）对反应方向的影响。在试管中加入 5 滴 KI(0.1 mol/L) 溶液和 2 滴 KIO_3(0.1 mol/L) 及 2 滴淀粉溶液混匀，观察溶液颜色有无变化？再滴加

H_2SO_4(1 mol/L) 酸化混合液，观察有无变化。然后滴加 NaOH(6 mol/L) 使混合液呈碱性，又有什么变化？再加酸观察现象，加碱观察现象。根据下列标准电极电势数据，解释发生的现象，并写出有关反应方程式：

$$IO_3^- + 3H_2O + 5e^- \longrightarrow \frac{1}{2}I_2 + 6OH^- \quad E^\ominus = +0.216\ V$$

$$I_2 + 2e^- \longrightarrow 2I^- \quad E^\ominus = +0.536\ V$$

$$IO_3^- + 6H^+ + 5e^- \longrightarrow \frac{1}{2}I_2 + 3H_2O \quad E^\ominus = +1.19\ V$$

注：用淀粉检测 I_2 时，直链淀粉遇 I_2 呈蓝色，支链淀粉遇 I_2 呈红棕色。

（2）对产物的影响。用实验室准备的药品设计实验，证明 $KMnO_4$ 在酸性、中性、强碱性（用 1 mol/L H_2SO_4 调酸性、6 mol/L NaOH 调碱性）介质中与适当还原剂（如 Na_2SO_3）反应，MnO_4^- 被还原的产物是不同的，记录现象，加以解释，写出有关反应式。

5. 浓度对氧化还原反应的影响

（1）浓度对氧化还原反应速度的影响。在井穴板的两孔中分别加入 1 滴 $K_2Cr_2O_7$(0.1 mol/L)、1 滴淀粉溶液和 2 滴 H_2SO_4(0.01 mol/L)，然后向其中一孔中加入 1 滴 KI(0.1 mol/L)，向另一孔中加入 1 滴 KI(0.001 mol/L)，静置观察比较两孔中蓝色出现的快慢，记录并解释，写出反应式。

（2）浓度对氧化还原反应方向的影响。往试管中加入少量固体 MnO_2 和 0.5 mL HCl(0.1 mol/L) 溶液，微热，用湿的淀粉 KI 试纸在管口试验有无 Cl_2 产生。用浓 HCl 代替 HCl(0.1 mol/L) 溶液进行试验。记录现象，用氧化剂电对和还原剂电对电势的变化加以解释。

（3）沉淀反应对氧化还原反应方向的影响。在离心试管中加入 5 滴 Fe^{2+}(即 0.1 mol/L $(NH_4)_2Fe(SO_4)_2$ 溶液）和 1 滴碘水，混匀，观察碘水颜色是否退去，为什么？

然后向上述离心试管中滴加 $AgNO_3$(0.1 mol/L)，边加边振荡至碘水黄棕色退去。离心沉降后，用 CCl_4 和 KSCN 检查上层清液中是否存在 I_2 和 Fe^{3+}，解释实验现象，并写出有关反应方程式。

（4）配合反应对氧化还原反应方向的影响。在试管中加入几滴 $FeCl_3$(0.1 mol/L)，再加入 KI(0.1 mol/L)，溶液呈何颜色？加入 CCl_4，震荡后观察 CCl_4 层颜色，解释现象，写出有关反应式。在另一支试管中加入几滴 $FeCl_3$，再逐滴加入 NaF(0.2 mol/L) 至溶液变为无色。再加入数滴 KI(0.1 mol/L)，观察溶液颜色有何变化？最后加入几滴 CCl_4，震荡后观察 CCl_4 层颜色，解释现象，并写出有关反应方程式。

6. 配离子的生成对氧化还原性的影响

上课前查出 Co^{3+}/Co^{2+}、H_2O_2/H_2O、O_2/H_2O_2 和 HO_2^-/OH^- 电对的 $E^{\ominus}$ 数值，判断 Co^{2+} 与 H_2O_2 能否发生反应。

（1）取 5 滴 $CoCl_2$(0.1 mol/L) 溶液，滴加 H_2O_2(3%)，振荡，观察现象。

（2）取 5 滴 $CoCl_2$(0.1 mol/L) 溶液，加 5 滴 NH_4Cl(1 mol/L) 溶液和过量的 $NH_3 \cdot H_2O$(6 mol/L) 溶液，振荡，观察溶液的颜色，滴加 H_2O_2(3%)，振荡，再观察溶液的颜色，并根据电极电势判别生成的配离子中 Co 的氧化数，写出反应式。

$$E_B^{\ominus}([Co(NH_3)_6]^{3+}/[Co(NH_3)_6]^{2+}) = 0.1\ V$$

$$E_B^{\ominus}(O_2/OH^-) = 0.401\ V$$

注：加入 1 mol/L NH_4Cl 溶液的目的是控制溶液的 pH 值，尽量避免 $Co(OH)_2$ 沉淀的产生。

7. 设计实验

利用实验室提供的试剂：溴水、碘水、KBr、KI、$(NH_4)_2Fe(SO_4)_2$、淀粉溶液、CCl_4、$K_3[Fe(CN)_6]$、$K_4[Fe(CN)_6]$ 等，设计几个实验，排出 Br_2/Br^-、I_2/I^-、Fe^{3+}/Fe^{2+} 三个电对标准电极电势大小顺序，并指出最强的氧化剂和最强的还原剂。

注：每一个反应必须是氧化还原反应，必须证明产物。

五、完成实验报告

（1）正确书写各氧化还原反应的方程式，注意配平。

（2）结合氧化还原电对的电极电势数值，对实验现象给予解释。

（3）若实验中出现异常现象，请查找原因，给出解释。

实验六 分光光度法测定[Fe(SCN)]$^{2+}$配离子的生成常数

预习要求

(1) 阅读实验原理，了解形成配位数大于1的配合物的可能性如何。

(2) 理解朗伯-比尔定律的原理，阅读分光光度计的使用方法和步骤。

(3) 在预习报告中简要写出实验步骤，并作出记录原始数据的表格。

(4) 实验报告中要有 $K_f^\ominus$ 的计算过程。

(5) 复习移液管和容量瓶的使用方法。

一、实验目的

(1) 了解用分光光度法测定配合物生成常数的原理和方法。

(2) 掌握分光光度计的使用方法。

二、实验原理

若无色的中心离子与配位体能形成有色的配合物，则溶液颜色的深浅程度取决于有色配合物的浓度。实验证明：当有色物质的浓度不大时，有色溶液对单色光的吸收程度与溶液中有色物质的浓度和液层厚度成正比。这种规律称为朗伯-比尔定律，其数学表达式为：

$$D = \varepsilon cl$$

式中 D——单色光通过溶液时被吸收的程度，称为吸光度，也称为光密度。

ε——比例常数，它和入射光的波长、溶液的性质、溶液的温度等因素有关。其物理意义是有色物质为单位浓度且液层厚度为单位厚度时溶液的吸光度，称为吸光系数。

c——有色物质的浓度，mol/L。

l——液层的厚度，cm。

设中心离子M（省略电荷符号，下同）和配位体L在某种条件下反应，只生成一种单色的配合物ML_n：

$$M + nL = ML_n$$

如果M和L都是无色的，而ML_n有色，则此溶液的吸光度与ML_n的浓度成正比。若已知中心离子与配位体的起始浓度和测得此溶液的吸光度，则可求出该配合物的生成常数。

下面介绍Fe^{3+}与SCN^-形成[Fe(SCN)]$^{2+}$配离子生成常数的测定方法。

$$Fe^{3+} + SCN^- \rightleftharpoons [Fe(SCN)]^{2+}$$

初始浓度/$mol \cdot L^{-1}$	a	b	0
平衡浓度/$mol \cdot L^{-1}$	$a-c$	$b-c$	c

$$K_f^{\ominus} = \frac{c/c^{\ominus}}{\frac{a-c}{c^{\ominus}} \times \frac{b-c}{c^{\ominus}}} \tag{3-3}$$

由于 Fe^{3+} 与 SCN^- 能形成多种配合物 $[Fe(SCN)]^{2+}$，$[Fe(SCN)_2]^+$，$[Fe(SCN)_3]$，$[Fe(SCN)_4]^-$ …… 在此实验中为了保证主要生成配位数为 1 的 $[Fe(SCN)]^{2+}$ 离子，令 $c(Fe^{3+}) \gg c(SCN^-)$，即溶液中有大量过剩的 Fe^{3+} 离子，此时形成配位数大于 1 的配合物的可能性很小。由于生成的 $[Fe(SCN)]^{2+}$ 浓度 c 小于起始的 SCN^- 的浓度 b，即 $b>c$，而 $a \gg b$，故 $a \gg c$，则 $a-c \approx a$。代入式（3-3）得：

$$K_f^{\ominus} \approx \frac{c}{a(b-c)} \times c^{\ominus} \tag{3-4}$$

对于 1 cm 的比色皿，液层的厚度 $l = 1$ cm，则：

$$c = \frac{D}{\varepsilon} \tag{3-5}$$

代入式（3-4）得：

$$K_f^{\ominus} = \frac{\frac{D}{\varepsilon} \times c^{\ominus}}{a\left(b - \frac{D}{\varepsilon}\right)} = \frac{Dc^{\ominus}}{a(b\varepsilon - D)} \tag{3-6}$$

移项得：

$$\varepsilon = \frac{D(aK_f^{\ominus} + c^{\ominus})}{aK_f^{\ominus} b} \tag{3-7}$$

由于外界实验条件确定后，吸光系数 ε 是一常数，故在相同条件下，测定不同 a 值、相同 b 值时的吸光度 D，即可求出 $K_f^{\ominus}$ 值：

$$\frac{D_1(a_1 K_f^{\ominus} + c^{\ominus})}{a_1 K_f^{\ominus} b} = \frac{D_2(a_2 K_f^{\ominus} + c^{\ominus})}{a_2 K_f^{\ominus} b}$$

$$K_f^{\ominus} = \frac{(a_1 D_2 - a_2 D_1)c^{\ominus}}{a_1 a_2 (D_1 - D_2)} \tag{3-8}$$

溶液中离子反应的平衡常数 $K_f^{\ominus}$ 与溶液中离子总浓度，即溶液中离子强度有关。为消除溶液中离子强度对 $K_f^{\ominus}$ 的影响，在实验中稀释液均用 $HClO_4$，以维持相近的离子强度。$K_f^{\ominus}$ 的文献值见表 3-8。

表 3-8 $K_f^\ominus$ 的文献值

编号	作 者	离子强度 μ	T/℃	$K_f^\ominus$
1	R. H. Betts，F. S. Dainton	1.28	11.4	129.8
2	R. H. Betts，F. S. Dainton	1.28	18.8	120.4
3	R. H. Betts，F. S. Dainton	1.28	28.5	110.6
4	Mac. Donald 等	1.8	25.0	11.5
5	Mac. Donald 等	1.0	25.0	120
6	Endmonds	1.0	25.0	127
7	Frank & Oswalt	0.5	25.0	138

三、仪器和药品

1. 仪器

i2 型分光光度计，1 cm 比色皿，洗瓶，50 mL 容量瓶 2 个，100 mL 小烧杯 3 个（烘干），5 mL 移液管 1 支和洗耳球。

2. 药品

（1）含 0.64 mol/L $HClO_4$ 的约 0.12 mol/L Fe^{3+} 溶液。配制方法：称取 $Fe(NO_3)_3 \cdot 9H_2O$ 48.6 g，加 640 mL $HClO_4$(1.0 mol/L)（用 1000 mL 量筒量取），用去离子水稀释至 1000 mL。用 $K_2Cr_2O_7$ 法准确标定 Fe^{3+} 浓度（每人需此溶液20 mL）。

（2）4.00×10^{-4} mol/L 的 KSCN 溶液。配制方法：准确称取经干燥的分析纯 KSCN，稀释至一定体积（每人需此溶液 15 mL）。

（3）1.00 mol/L $HClO_4$ 溶液。配制方法：先配制约 2 mol/L $HClO_4$ 溶液，用标准 NaOH 溶液标定，经计算用 1000 mL 量筒量取 2 mol/L $HClO_4$ 及去离子水，混合（每人需此溶液 100 mL）。

四、实验步骤

1. 洗涤 3 个 50 mL 烧杯，放入 70 ℃的烘箱中烘干。

2. Fe^{3+}溶液的配制

（1）用 5 mL 移液管吸取约 0.12 mol/L（准确浓度见标签）的 Fe^{3+}溶液（含 0.64 mol/L $HClO_4$）5.00 mL 于 1 号 50 mL 容量瓶中，用 1.00 mol/L $HClO_4$ 溶液稀释至刻度，摇匀。此溶液 Fe^{3+} 浓度约为 0.012 mol/L（准确浓度由原始浓度计算）。

（2）再用 10 mL 移液管吸取 1 号容量瓶中溶液 10.00 mL 于 2 号 50 mL 容量瓶中，用 1.00 mol/L $HClO_4$ 溶液稀释至刻度，摇匀。此溶液 Fe^{3+} 的浓度约为

0.0024 mol/L。

3. 有色$[Fe(SCN)]^{2+}$溶液的制备

（1）用5 mL移液管分别吸取4.00×10^{-4} mol/L的KSCN溶液5.00 mL，分别加入上述编号Ⅰ~Ⅲ号小烧杯中。

（2）用5 mL移液管分别吸取浓度约为0.12 mol/L、0.012 mol/L、0.0024 mol/L的Fe^{3+}溶液5.00 mL，分别置于Ⅰ~Ⅲ号经干燥的小烧杯中，摇匀。此时上述三份溶液中离子总浓度几乎相等（离子强度均为0.5）。

4. 测定Ⅰ~Ⅲ号三份溶液的吸光度D

用去离子水作参比溶液，波长取480 nm。按i2型分光光度计使用步骤测定Ⅰ~Ⅲ号溶液的吸光度D。

记录原始数据于表3-9中。

表3-9　原始数据的记录

编号	混合前浓度		混合后初始浓度		吸光度 D
	$c(Fe^{3+})/mol\cdot L^{-1}$	$c(SCN^-)/mol\cdot L^{-1}$	$c(Fe^{3+})/mol\cdot L^{-1}$	$c(SCN^-)/mol\cdot L^{-1}$	
Ⅰ					
Ⅱ					
Ⅲ					

根据方程式（3-8）计算$K_f^\ominus$(Ⅰ，Ⅱ)，$K_f^\ominus$(Ⅰ，Ⅲ)，$K_f^\ominus$(Ⅱ，Ⅲ)数值及$K_f^\ominus$的平均值（计算过程中注意有效数字的取舍）。

注意：实验结果的好坏，主要取决于各种溶液体积的准确度和吸光度的测量。所以要特别注意移液管和容量瓶的使用方法和i2型分光光度计的使用。

五、实验后回答的问题

（1）分析实验误差产生的原因。

（2）有能力者可编写计算$K_f^\ominus$的程序，并上机打出程序及$K_f^\ominus$的数值。

实验七　含铬废水的处理

预习要求

（1）仔细阅读化学还原法处理含铬废水的原理和方法。

（2）预习报告中做好含铬废水的处理流程图，并按照要求预留记录。

一、实验目的

（1）了解化学还原法处理含铬废水的原理和方法。

（2）学习用目视比色法测定废水中 Cr(Ⅵ) 的含量。

二、实验原理

铬是毒性较高的元素之一，未经过处理的含铬废水直接排放，会造成水体以及土壤污染，同时又由于铬元素易在动物体内富集，因此影响动物的生存，更重要的是对人类健康构成严重威胁。含铬废水主要来源于冶金、电镀、制革、印染等工业，以 $Cr_2O_7^{2-}$、CrO_4^{2-} 等形式的 Cr(Ⅵ) 和 Cr(Ⅲ) 存在，其中 Cr(Ⅵ) 毒性最大，能引起贫血、肾炎、神经炎、皮肤溃疡，甚至引起基因突变，致癌。因此，我国《污水排放综合标准》中规定废水中 Cr(Ⅵ) 的排放标准应小于 0.5 mg/L。由于 Cr(Ⅵ) 的毒性比 Cr(Ⅲ) 大得多，因此处理含铬废水的基本原则是先将 Cr(Ⅵ) 还原为 Cr(Ⅲ)，然后再将其除去。

对含铬废水的处理方法有离子交换法、电解法、化学还原法等，本实验采用铁氧体化学还原法（亦简称铁氧体法）。所谓铁氧体是指具有磁性的 Fe_3O_4 中的 Fe^{2+}、Fe^{3+} 离子，部分地被与其离子半径相近的其他+2 或+3 价金属离子（如 Cr^{3+}、Mn^{2+} 等）所取代而形成的、以铁为主体的复合型氧化物。

铁氧体法处理含铬废水的基本原理是：在酸性介质中将 Cr(Ⅵ) 全部还原成 Cr(Ⅲ)，然后调节溶液的 pH 值，使溶液中的 Cr^{3+}、Fe^{2+}、Fe^{3+} 共同生成沉淀，以达到从溶液中除去 Cr(Ⅵ) 的目的。其步骤是在酸性的含铬废水中加入过量的还原剂 $FeSO_4$，使 Cr(Ⅵ) 与 Fe^{2+} 发生如下氧化还原反应：

$$Cr_2O_7^{2-} + 6Fe^{2+} + 14H^+ = 2Cr^{3+} + 6Fe^{3+} + 7H_2O$$

反应结束后加入适量碱液，调节溶液的 pH 值，使 Cr^{3+}、Fe^{2+}、Fe^{3+} 转化成相应的氢氧化物沉淀：

$$Fe^{3+} + 3OH^- = Fe(OH)_3\downarrow$$

$$Fe^{2+} + 2OH^- = Fe(OH)_2\downarrow$$

$$Cr^{3+} + 3OH^- = Cr(OH)_3\downarrow$$

然后加入 H_2O_2 或通入空气搅拌，将 Fe(Ⅱ) 部分氧化成 Fe(Ⅲ)，当形成的

$Fe(OH)_2$和$Fe(OH)_3$量的比例为1∶2左右时，可生成类似于$Fe_3O_4 \cdot xH_2O$的磁性氧化物（铁氧体），其组成可写成$Fe^{II}Fe_2^{III}O_4 \cdot xH_2O$，其中部分Fe(Ⅲ）可被Cr(Ⅲ）取代，使Cr(Ⅲ）成为铁氧体的组成部分而沉淀下来，从而可以从水相中分离除去。

含铬铁氧体是一种磁性材料，可以应用于电子工业中。铁氧体法处理含铬废水效果好、投资少、简单易行、沉渣量少且稳定，既能保护环境，又能回收利用资源。

水溶液中铬的含量，可以用分光光度法或比色法测定，本实验以比色法测定。其原理是：

Cr(Ⅵ）在酸性介质中与二苯偕肼（二苯碳酰二肼）（DPC）反应生成紫红色的配合物，该配合物溶于水，其溶液颜色对光的吸收程度与Cr(Ⅵ）的含量成正比，因此只要把样品溶液的颜色与标准系列的颜色比较（目视比较）或用分光光度计测出其吸光度，就能确定样品中Cr(Ⅵ）的含量。

如果水中有Cr(Ⅲ)，可在酸性条件下用$KMnO_4$将Cr(Ⅲ）氧化成Cr(Ⅵ)，然后再测定。

本法很灵敏，Cr(Ⅵ）的最低检出浓度可达0.01 mg/L。Fe^{3+}离子的存在会产生干扰，因Fe^{3+}与显色剂会生成黄色或黄紫色化合物，可以加入H_3PO_4，使Fe^{3+}生成无色$[Fe(PO_4)_3]^{6-}$而排除干扰。

三、仪器和药品

1. 仪器

台秤、电炉、25 mL比色管1支、比色管架1个、漏斗1个、漏斗架1个、250 mL烧杯1只、100 mL烧杯1只、100 ℃温度计1支、10 mL移液管1支、蒸发皿1个、滴管、玻璃棒、洗耳球和100 mL容量瓶2个。

2. 药品

二苯碳酰二肼溶液❶、Cr(Ⅵ）标准溶液（含Cr 0.0100 mg/mL)、$FeSO_4$(10%)、NaOH(6 mol/L)、H_2SO_4(6 mol/L)、硫磷混酸❷、H_2O_2(3%)、含铬废水❸、标准铬Cr(Ⅵ）贮备液❹和pH试纸。

❶ 0.1 g DPC溶于50 mL 95%的乙醇（或丙酮）中，再加入200 mL 10%（体积比）的H_2SO_4即可。注意在冰箱低温中、用棕色瓶避光保存，溶液应无色，若呈现微红色则不能使用。

❷ 混合酸：$H_2SO_4 : H_3PO_4 : H_2O = 15 : 15 : 70$(体积比)。

❸ 若无工业含铬废水，可按下法配制：取1.5 g $K_2Cr_2O_7$溶于1000 mL自来水中（此溶液含Cr(Ⅵ)为0.53 mg/mL）即可。

❹ 将分析纯$K_2Cr_2O_7$在110~120 ℃烘干2 h，准确称取0.2828 g，溶解于去离子水中，定容1000 mL即可。

四、实验内容

1. 含铬废水的处理

（1）取100 mL含铬废水于250 mL烧杯中，不断搅拌下滴加6 mol/L H_2SO_4(约1.5 mL）调整至pH值小于1(不可大于1)，然后在不断搅拌下滴加10%的$FeSO_4$溶液，直至废水液颜色由浅蓝色变为亮绿色为止。大约需要$FeSO_4$溶液约16 mL，以使废水中按质量比Cr(Ⅵ)：Fe(Ⅱ) ＝ （1∶16)～(1∶30)[1]。应注意保持溶液的pH<1，为此可适当补充H_2SO_4。

（2）先将溶液加热至70～80 ℃，再往烧杯中滴加6 mol/L NaOH溶液，调节溶液的pH＝8～9，使Fe^{3+}、Cr^{3+}、Fe^{2+}形成氢氧化物沉淀，沉淀应为墨绿色。

（3）在不断搅拌下滴加3%H_2O_2 6～8滴，使沉淀刚好呈现棕色即止，再充分搅拌后冷却静置，使沉淀沉降。加H_2O_2的目的是使Fe(Ⅱ)部分氧化成Fe(Ⅲ)，达到铁氧体中Fe(Ⅱ)、Fe(Ⅲ)的比值要求，但若加过量会使Cr(Ⅲ)氧化成Cr(Ⅵ)，以致处理水中铬含量偏高，甚至达不到排放标准。

（4）将部分上层清液用普通漏斗过滤至干净、干燥的小烧杯中，用于测定处理后水中Cr含量，滤液体积为30～50 mL。

（5）余下的溶液及沉淀减压抽滤，弃去滤液，滤渣用去离子水洗涤数次，以除去Na^+、K^+、SO_4^{2-}等离子，然后将沉淀转移到蒸发皿中，用小火加热，并不断搅拌沉淀，使水分蒸发至干。待冷却后，将沉淀物均匀地摊在干净白纸上，另用纸将磁铁裹住，与沉淀接触，检查沉淀物的磁性。

2. 溶液中铬含量的测定——比色法

（1）配制Cr(Ⅵ)溶液标准系列：

1）用10 mL移液管准确量取10 mL标准Cr(Ⅵ)贮备液于100 mL容量瓶中，用去离子稀释至刻度，此标准液含Cr(Ⅵ) 0.01 mg/mL。

2）用吸量管分别准确移取含Cr(Ⅵ) 0.01 mg/mL标准液0.00 mL、0.50 mL、1.00 mL、1.50 mL、2.00 mL、2.50 mL，分别注入25 mL比色管中，编号依次为1～6，用量筒向每支比色管中分别依次加入10 mL去离子水，1 mL硫磷混酸，3 mL二苯碳酰二肼溶液，最后用去离子水冲洗管口并稀释至刻度，盖好塞子并摇匀。此时管中Cr(Ⅵ)含量分别约为0.00 mL，0.20 mL，0.40 mL，0.60 mL，0.80 mL，1.00 mg/L。

（2）处理前废水中Cr(Ⅵ)含量测定：

1）用吸量管取2.00 mL含Cr(Ⅵ)废水放入100 mL容量瓶中，加去离子水

---

[1] 为使Cr(Ⅵ)还原完全，Fe^{2+}需适当过量，一般Cr(Ⅵ)含量越低，Fe^{2+}过量应越多，但Fe^{2+}过量也不宜太多，因Fe^{2+}干扰Cr(Ⅵ)的比色测定。

稀释至刻度，摇匀，得稀释后废水。

2）用吸量管分别准确移取 1.00 mL 步骤（2）1）所得稀释 50 倍的处理前废水，于 25 mL 比色管中依次加入 1 mL 硫磷混酸、3 mL 二苯碳酰二肼溶液，加去离子水稀释至刻度后摇匀，10 min 后与 Cr(Ⅵ) 标准系列进行颜色对比，目测并记录溶液的 Cr(Ⅵ) 含量，并根据稀释倍数计算处理前水中 Cr(Ⅵ) 含量。

（3）处理后废水中 Cr(Ⅵ) 含量测定。用吸量管准确移取 10 mL 处理后废水［实验 1(4) 滤液］于 25 mL 比色管中，依次加入 1 mL 硫磷混酸、3 mL 二苯碳酰二肼溶液，加去离子水稀释至刻度后摇匀，10 min 后与 Cr(Ⅵ) 标准系列进行比色，并根据稀释倍数计算处理后废水中 Cr(Ⅵ) 含量。判断处理后的废水是否达到国家排放标准。

五、实验后思考的问题

（1）铁氧体化学还原法处理含铬废水的原理是什么？

（2）处理含铬废水时调节 pH 值是否很重要，为什么？

（3）某同学处理后的废水呈现黄色，你觉得是哪个步骤出现了问题？

＊＊＊＊＊＊＊＊＊＊＊＊＊＊＊＊＊＊＊＊＊＊＊＊＊＊＊＊＊＊＊＊＊＊＊

实验记录参考样式

班级________姓名________学号________

实验日期________________

一、含铬废水的处理

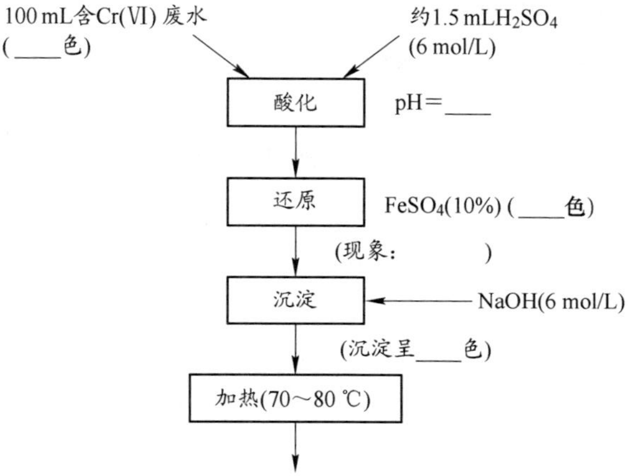

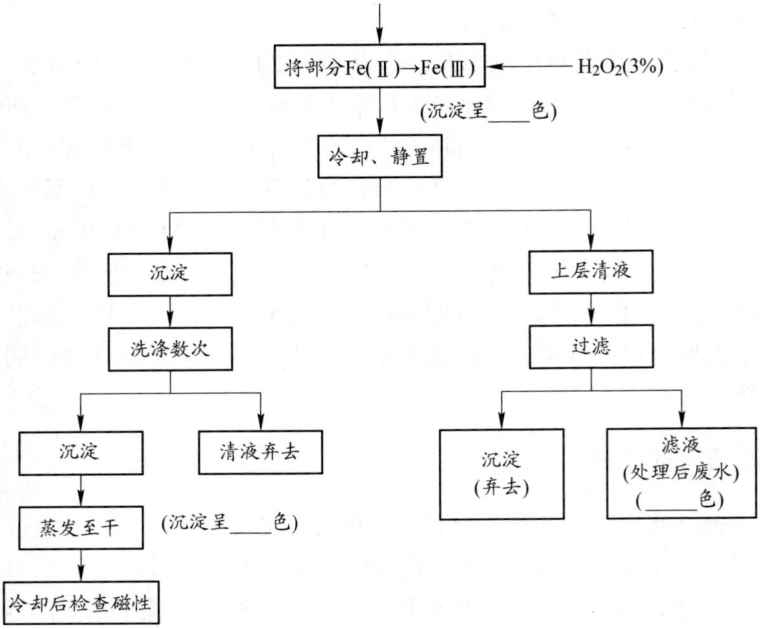

二、比色法测定废水中 Cr(Ⅵ) 含量

1. 处理前废水中 Cr(Ⅵ) 含量

目测 Cr(Ⅵ) 含量：____ mg/L；

计算原废水中 Cr(Ⅵ) 含量：____ mg/L。

2. 处理后废水中 Cr(Ⅵ) 含量

目测 Cr(Ⅵ) 含量：____ mg/L；

计算原废水中 Cr(Ⅵ) 含量：____ mg/L。

三、结果讨论

1. 制备的铁氧体有铁磁性吗？

2. 处理后的废水能否排放？如果不能排放，是哪些实验步骤导致含铬废水中的 Cr 没有除掉呢？

3. 没有达到排放标准的废液和所制备的铁氧体在实验后应怎样处理？

实验八　硫酸铜的提纯

预习要求

（1）仔细阅读重结晶法提纯物质的基本原理。

（2）阅读加热、溶解、蒸发浓缩、结晶、常压过滤、减压过滤等基本操作技术的实验操作。

（3）在预习报告上做好硫酸铜的提纯流程图。

一、实验目的

（1）了解用重结晶法提纯物质的基本原理。

（2）练习托盘天平的使用。

（3）掌握加热、溶解、蒸发浓缩、结晶、常压过滤、减压过滤等基本操作技术。

二、实验原理

重结晶的原理是由于晶体物质的溶解度一般随温度的降低而减小，当热的饱和溶液冷却时，待提纯的物质首先结晶析出而少量杂质由于尚未达到饱和而仍留在母液中。因此可溶性晶体物质中的少量杂质可用重结晶法除去。根据物质溶解度的不同，一般可先用溶解、过滤的方法，除去易溶于水的物质中所含难溶性杂质；然后再用重结晶法使之与少量易溶于水的杂质分离。

粗硫酸铜晶体中的杂质通常以硫酸亚铁、硫酸铁为主。当蒸发浓缩硫酸铜溶液时，亚铁盐易被氧化为铁盐，而铁盐易水解生成 $Fe(OH)_3$ 沉淀，混杂于析出的硫酸铜结晶中。因此在蒸发过程中溶液应保持酸性。

若亚铁盐或铁盐含量较多，可先用过氧化氢（H_2O_2）将 Fe^{2+} 氧化为 Fe^{3+}，再调节溶液的 pH 值至 4 左右，使 Fe^{3+} 水解为 $Fe(OH)_3$ 沉淀过滤而除去。反应式如下：

$$2Fe^{2+} + H_2O_2 + 2H^+ = 2Fe^{3+} + 2H_2O$$

$$Fe^{3+} + 3H_2O \xlongequal{pH \approx 4} Fe(OH)_3 + 3H^+$$

三、仪器和试剂

1. 仪器

台秤（公用）、烧杯（100 mL）、量筒、石棉网、玻璃棒、酒精灯、漏斗、滤纸、漏斗架、表面皿、蒸发皿、铁三脚、洗瓶、布氏漏斗、油滤装置和硫酸铜回收瓶。

2. 试剂

$CuSO_4 \cdot 5H_2O$(粗)、H_2SO_4(1 mol/L)、H_2O_2(3%)、NaOH(0.5 mol/L) 和 pH 试纸。

四、实验内容

1. 称量和溶解

用台天平称取粗硫酸铜晶体 5 g[1]（台天平的使用方法参见第 2.7 节)，放入已洗涤干净的 100 mL 烧杯中。量取 20 mL 水加入上述烧杯中。然后将烧杯放在石棉网上加热（加热的方法参见第 2.15 节)，并用玻璃棒搅拌。当硫酸铜完全溶解时，立即停止加热。

2. 沉淀

趁热往溶液中加入 1 mL H_2O_2(3%) 溶液，然后逐滴加入 0.5 mol/L NaOH 溶液直到 pH≈4（用 pH 试纸检验)[2]；再加热 5 分钟，然后静置使红棕色 $Fe(OH)_3$ 沉降。

3. 过滤

将折好的滤纸放入漏斗中，从洗瓶中挤出少量水湿润滤纸，使之紧贴在漏斗上。将漏斗放在漏斗架上。趁热过滤硫酸铜溶液（过滤的方法参看第 2.11.3 节中)，滤液收集在清洁的蒸发皿中。从洗瓶中挤出少量水淋洗烧杯及玻璃棒，洗涤水也必须全部滤入蒸发皿中。按同样操作再洗涤一次。将过滤后的滤纸及不溶性杂质投入指定的实验垃圾回收桶中。

4. 蒸发和结晶

在滤液中加入 2 滴 1 mol/L H_2SO_4 使溶液酸化，然后在石棉网上加热，使滤液蒸发浓缩（勿加热过猛以免液体溅失)，至溶液表面刚出现薄层结晶时立即停止加热（注意不可蒸干)；让蒸发皿冷却至室温或稍冷片刻，然后再将蒸发皿在盛有冷水的烧杯上冷却，使 $CuSO_4 \cdot 5H_2O$ 晶体析出。

5. 吸滤分离[3]

将蒸发皿内 $CuSO_4 \cdot 5H_2O$ 晶体全部移到布氏漏斗，减压过滤，尽量抽干，并用干净的玻璃棒轻轻挤压布氏漏斗上的晶体，尽可能除去晶体间夹带的母液。停止抽滤，取出晶体，把它摊在两张滤纸之间，用手指在纸上轻压以吸干其中的

---

[1] 大块的硫酸铜晶体应先在研钵中研细。每次研磨的量不宜多。研磨时，不得用研棒敲击，应慢慢转动研棒，碾压晶体使成细粉。

[2] 用 pH 试纸（或石蕊试纸）检验溶液的酸碱性时，应将小块试纸放在干燥清洁的点滴板空穴中（或表面皿上)，用玻璃棒蘸取待检验的溶液，滴在试纸上，不可将试纸投入溶液中检验。

[3] 若结晶少，可用普通过滤法进行分离。

母液。将吸滤瓶中的母液（母液中含有可溶性杂质）倒入硫酸铜回收瓶中。用台天平称量所得晶体，计算产率。

五、实验后回答的问题

（1）粗硫酸铜溶解时加热和搅拌起什么作用？

（2）用重结晶法提纯硫酸铜，在蒸发滤液时，为什么加热不可过猛？为什么不可将滤液蒸干？

（3）滤液为什么必须经过酸化后才能进行加热浓缩？

（4）在浓缩过程中应注意哪些问题？

（5）提纯硫酸铜过程中，为什么要加 H_2O_2 溶液并保持溶液的 pH 值约为 4？

（6）产率 =（纯 $CuSO_4$ 质量/粗 $CuSO_4$ 质量）×100%，为了提高精制硫酸铜的产率，实验过程中应注意哪些问题？

实验报告样式见第 1.2 节。

实验九　碘盐的制备及检验

预习要求

（1）阅读实验原理，了解碘元素对人的利弊。
（2）预习重结晶的原理。
（3）按照要求写预习报告，实验目的、原理及实验步骤，做好记录表格。

一、实验目的

（1）学习重结晶的操作。
（2）了解“食盐”的成分和生产步骤。

二、实验原理

碘是人体甲状腺素的重要成分，对大脑发育、身体成长和新陈代谢有着极其重要的影响。为了预防缺碘，日常生活中，我们所吃的“食盐”均为碘盐。碘盐的制备，其实质为粗盐重结晶提纯，然后加入含碘活性成分的过程。

重结晶是提纯固体的重要方法，即将被提纯物质完全溶解在适当溶剂中，然后过滤，使不溶的杂质与液相分离；再通过加热蒸发液相使其浓缩，然后冷却使被提纯物质重新析出，杂质因未饱和而仍然留在液相中；最后过滤进行固液分离而达到提纯的目的。母液的多少、晶体的大小和重结晶的次数等决定着产物的纯度。

碘盐中碘的活性成分主要是 KIO_3 或 KI。因为 KIO_3 具有化学性质稳定，常温下不挥发、不分解、不潮解、活性效果好、口感舒适、易生产等优点，而被广泛采用。KIO_3 为无臭、无味、无色的晶体，溶于水，含碘量为 59.3%。由于 KIO_3 在加热超过 560 ℃时开始分解，且在酸性介质中氧化性较强，遇到食品中某些还原性物质，如 Fe^{2+}、$C_2O_4^{2-}$ 易被还原为单质碘，所以应注意其生产条件。

$$2KIO_3 \xrightarrow{\triangle} 2KI + 3O_2$$

$$12KIO_3 + 6H_2O \xrightarrow{\triangle} 6I_2 + 12KOH + 15O_2$$

纯 KIO_3 晶体是有毒的，但微量（$\leqslant$60 mg/kg）是有益无害的。

三、仪器和药品

1. 仪器

台秤，烧杯，抽滤装置，蒸发皿，电炉，坩埚，玻璃棒，试管和点滴板。

2. 药品

粗盐，无水乙醇，含碘 200 mg/mL 的标准 KIO_3 溶液（称取 KIO_3 0.0676 g，溶于 200 mL 的去离子水中），市售碘盐，碘检测液（将 800 mL 1%淀粉指示剂，8 mL 85%的 H_3PO_4 和 14 g KSCN 混合），1%淀粉指示剂，85% H_3PO_4，KSCN 固体，0.1 mol/L $BaCl_2$，铬黑 T，饱和 $(NH_4)_2C_2O_4$ 溶液。

四、实验内容

1. 粗盐提纯（重结晶）

用台秤称取粗盐 15 g，放于干净烧杯中，加入 500 mL 去离子水，加热，使粗盐全部溶解后趁热抽滤。将滤液转入另一干净烧杯，继续加热，使溶液浓缩至 25 mL 左右。要注意搅拌，以防烧杯底结垢。稍加冷却后再次抽滤，把所得自制精盐用玻璃棒转入蒸发皿，放到电热板上烘干，冷却后称重，计算产率。

2. 食盐加碘

用台秤称取自制精盐 5 g，放入一干燥、洁净的坩埚中，逐滴加入 1 mL 含碘 200 mg/mL 的标准 KIO_3 溶液，在加入 3 mL 无水酒精并搅拌均匀后，点燃酒精，待酒精燃尽并冷却后，即得加碘食盐。

3. 碘盐与母液成分比较

各取 0.5 g 自制碘盐与粗盐，加入 10 mL 去离子水，搅拌配成碘盐液与母液。各取 1 mL 碘盐液与母液加入试管（各 3 次），进行以下检验，比较重结晶前后晶体成分的不同。

（1）Ca^{2+}离子的检验：在 2 支试管中分别加入 5 滴饱和 $(NH_4)_2C_2O_4$，观察白色 $Ca_2C_2O_4$ 沉淀产生的多少，从而判断碘盐液与母液中 Ca^{2+}含量的不同。

（2）Mg^{2+}离子的检验：在 2 支试管中分别加入 1~2 滴饱和氨水和 1 滴铬黑 T 指示剂，观察溶液变红的程度，从而判断碘液与母液中 Mg^{2+}含量的不同。

（3）SO_4^{2-} 离子的检验：在 2 支试管中分别加入 2 滴 $BaCl_2$(0.1 mol/L) 溶液，观察白色沉淀的产生，从而判断碘盐液与母液中 SO_4^{2-} 离子含量的不同。

4. 含碘浓度的测定

（1）标准色板的制备（教师准备）。

取 10 g 精盐 5 份，分别加入标准碘溶液 0.5 mL、1.0 mL、1.5 mL、2.0 mL、2.5 mL，低温烘干。从所得成品中各取 1 g，分别放入点滴板 5 格中。再分别加入 2 滴碘检测液，做成标准色板，含碘量分别为 10 mg/mL、20 mg/mL、30 mg/mL、40 mg/mL、50 mg/mL。

（2）含碘量的测定。

分别各取 1 g 自制精盐、自制碘盐和市售碘盐，放入点滴板 3 格中，分别加入 2 滴碘检测液，与教师做好的标准色板比较，估算三者含碘量（注意点滴板孔径与孔深要与教师的一致）。

五、结果与讨论

计算自制碘盐的理论含碘量，与实测值比较，分析其差距产生的原因。

实验十　金属铝的表面处理——阳极氧化法

预习要求

（1）复习电化学部分的基本概念，了解电解的基本原理。
（2）按第 1 章要求书写预习报告。
（3）了解本实验进行铝的阳极氧化的原理。
（4）了解检验铝阳极氧化后氧化膜的绝缘性和耐腐蚀性的方法。
（5）了解测定铝阳极氧化后氧化膜的厚度的方法。

一、实验目的

（1）了解金属铝阳极氧化的基本原理及方法。
（2）了解 Al_2O_3 氧化膜的质量检验方法。

二、实验原理

铝在空气中天然形成的氧化膜很薄（4×10^{-3} ~ 5×10^{-3} μm），不能有效地防止金属遭受腐蚀。用电化学方法在铝或铝合金表面生成较厚的致密氧化膜，该过程称为阳极氧化。获得的表面氧化膜可加厚至几十微米到几百微米，使铝的耐腐蚀性大大提高。而且氧化膜具有很高的电绝缘性和耐磨性，还可以用有机染料染成各种颜色。由于铝及铝合金阳极氧化后具有这些优良性能，所以在许多工程技术中得到广泛的应用。

铝阳极氧化的原理是：以铅为阴极、铝为阳极、在 H_2SO_4 溶液中进行电解，两极反应如下：

阴极：$$2H^+ + 2e^- = H_2\uparrow$$

阳极：$$Al - 3e^- = Al^{3+}$$

$$Al^{3+} + 3H_2O = Al(OH)_3 + 3H^+$$

$$2Al(OH)_3 = Al_2O_3 + 3H_2O$$

在电解过程中，H_2SO_4 又可以使形成的 Al_2O_3 膜部分溶解，所以氧化膜的生长依赖于金属氧化速度和 Al_2O_3 膜溶解速度的差别。要得到一定厚度的氧化膜，必须控制氧化条件，使氧化膜形成速度大于溶解速度。

三、仪器和药品

1. 仪器

500 mL 烧杯 1 只，150 mL 烧杯 3 只，电解槽 1 个，100 mL 量筒 1 只，10 mL

量筒 1 只，稳压电源，导线，铝板，铝线，恒温槽，台天平，密度计，温度计，牛角勺，钳子，电炉，精密天平和绝缘性检验装置。

2. 药品

酸：HNO_3（2 mol/L），H_2SO_4（20%），碱：NaOH（3 mol/L 或固体）、NaOH(30~40 g/L) 与 Na_2CO_3(30 g/L) 混合溶液，盐：腐蚀试液（$K_2Cr_2O_7$ 硫酸溶液），其他：铝试样、无水酒精、溶膜液、着色液。

四、实验内容

1. 铝片表面清洗

只有把铝片表面处理干净，阳极氧化后才能生成致密的氧化膜。

（1）取两片铝片，用去污粉或洗涤剂洗刷，然后用自来水冲洗干净。

（2）碱洗：将铝片放在 50~60 ℃含 NaOH(30~40 g/L) 与 Na_2CO_3(30 g/L) 组成的溶液中，浸泡 1~2 min，取出用自来水冲洗，铝片表面应不挂水珠。

（3）酸洗：为了中和铝表面的碱和去除表面的自然氧化膜，露出金属基体表面，将碱洗过的铝片放入 50 g/L Cr_2O_3 和 150 g/L H_2SO_4 组成的溶液中，浸泡 1~2 min，取出用自来水冲洗干净。经过清洗后的铝片表面绝对不能再用手接触，以免污染，洗净的铝片可放入盛有去离子水的烧杯中待用。

2. 阳极氧化

（1）计算铝片浸入电解液部分（尚留一部分不浸入电解液）的总面积（应计算铝片的两面），按照电流密度为 10~15 mA/cm^{2}计算所需的电流。

（2）将两个铝片作为阳极，铅为阴极，20% H_2SO_4 为电解液，按图 3-1 接好电路。通电后，调节稳压电源，开始时用较小电流密度（不大于 5 mA/cm^2）氧化 1 min，而后逐渐调整电流到所需的数值，观察两极反应的情况。

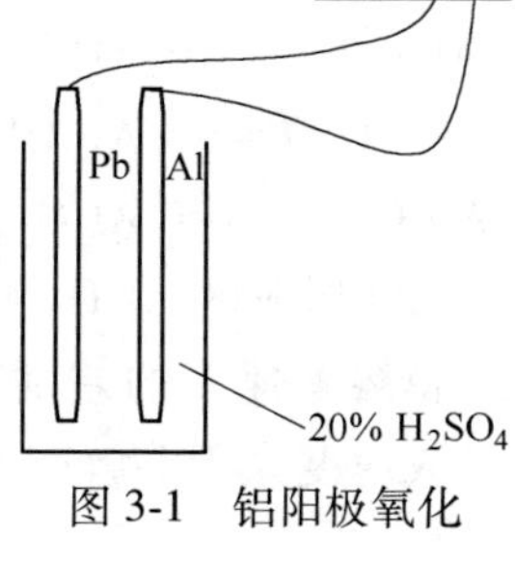

图 3-1　铝阳极氧化

（3）通电 30 min 后，切断电源，取出铝片，用自来水冲洗。

（4）水封：由于铝氧化膜具有高的孔隙率和吸附率，因此很容易被污染，所以在氧化后，要进行封闭处理。处理方法是将铝片放入沸水中煮，其原理是利用无水三氧化二铝发生水化作用，反应如下：

$$Al_2O_3 + H_2O \longrightarrow Al_2O_3 \cdot H_2O$$

$$Al_2O_3 + 3H_2O \longrightarrow Al_2O_3 \cdot 3H_2O$$

由于氧化膜表面和孔壁的三氧化二铝水化的结果，使氧化物体积增大，将孔隙封闭。

将氧化后的一块铝片放在沸水（去离子水）中煮10 min，取出放入无水酒精中数秒，再晾干，备质量检验用。

3. 质量检验

（1）绝缘性检验。利用串联小灯泡的电路（图3-2）试验铝片氧化部分与未氧化部分的绝缘性能。

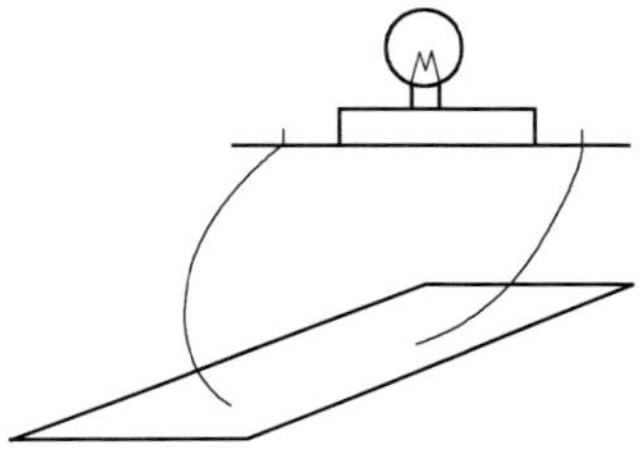

图3-2　绝缘性检验装置

（2）氧化膜厚度测定（选做实验）。采用溶膜法，溶膜液由 H_3PO_4 和 CrO_3 组成。此溶液可将氧化膜溶解，但不与铝反应，实验步骤如下：

1）将铝片放在电子天平上称量，记下质量 m_1（称量后先做耐腐蚀试验，然后再进行溶膜）。

2）把铝片浸入90~100 ℃溶液中煮15 min。取出后用水冲洗，浸入无水酒精，取出放干。

3）用同一台天平称量，记下质量 m_2。

4）计算氧化膜厚度：设氧化膜的平均密度 $d=2.7$ g/cm^3，(m_1-m_2) 为氧化膜质量。根据氧化膜的面积就可以计算出氧化膜的厚度。

（3）耐腐蚀性［注意，此实验在实验内容中第3（2）1）称量后进行］。

在铝片上阳极氧化的部分和未阳极氧化部分各滴1滴 $K_2Cr_2O_7$ 硫酸溶液，观察反应。比较这两部分产生气泡以及液滴变绿时间的快慢。写出反应方程式。

4. 铝阳极氧化膜的染色

经过阳极氧化处理得到的新鲜氧化膜，因为孔隙和较高的吸附性能，可以经过一定的工艺处理染上各种鲜艳的色彩。

将阳极氧化后未经水封处理的铝片，用水冲洗干净，立即放入着色液中着色（着色液放在电炉上，在40~60 ℃着色，着色时间随所需颜色深浅而定）。染色过的铝片经水冲洗干净后，放入煮沸的去离子水中煮沸 5 min 后取出。

五、完成实验报告

（1）对铝阳极氧化后氧化膜的绝缘性、耐腐蚀性及氧化膜的厚度进行讨论。
（2）根据实验结果，你认为这种处理方法的效果如何?
（3）若实验中出现异常现象，请查找原因，给出解释。

实验十一　邻菲咯啉分光光度法测定 Fe

预习要求

（1）认真阅读分光光度计的原理及使用方法。

（2）根据实验原理部分内容，回答如下问题：用邻菲咯啉法测定铁时，为什么在测定前需要加入盐酸羟胺？若不加入盐酸羟胺，对测定结果有何影响？

一、实验目的

（1）掌握邻菲咯啉分光光度法测定 Fe 的原理和方法。

（2）学会分光光度法确定配合物组成的方法。

二、实验原理

微量 Fe 的测定最常用和最灵敏的方法是邻菲咯啉法。此法准确度高，重现性好，配合物十分稳定。Fe^{2+}和邻菲咯啉反应生成橘红色配合物，反应式如下：

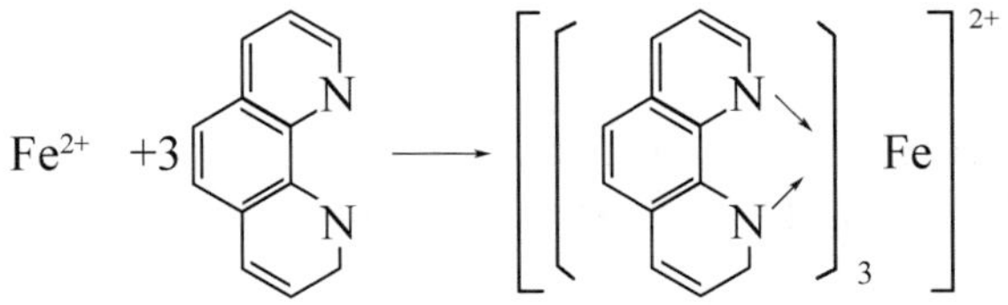

该配合物的摩尔吸光系数 $\varepsilon = 1.1 \times 10^4$ L/(mol · cm)，最大吸收波长为 510 nm。Fe^{3+}必须还原为Fe^{2+}再与邻菲咯啉反应，否则Fe^{3+}也与邻菲咯啉反应，生成 3∶1 的淡蓝色配合物。一般用盐酸羟胺作为还原剂，显色前将Fe^{3+}全部还原为Fe^{2+}。Fe^{2+}与邻菲咯啉在 pH = 2～9 范围内都能显色，但为了尽量减少其他离子的影响，通常在微酸性（pH 约等于 5）溶液中显色。

本法选择性很高，相当于含 Fe 量 40 倍的Sn^{2+}，Al^{3+}，Ca^{2+}，Mg^{2+}，Zn^{2+}，SiO_3^{2-}；20 倍的Cr^{3+}，Mn^{2+}，V(Ⅴ)，PO_4^{3+}；5 倍的Co^{2+}，Cu^{2+}等均不干扰测定。

分光光度计是根据物质的分子对紫外、可见、近红外区辐射（光）的选择性吸收和朗伯-比尔（Lambert-Beer）定律对物质进行定量分析和定性鉴别的仪器。仪器由光源、单色器、样品室、检测器、显示系统 5 部分构成。本实验采用 i2 型分光光度计来测量吸光度。请同学们认真阅读 i2 型分光光度计的使用方法（第 2.9 节）。

三、仪器和药品

1. 仪器

i2 型分光光度计，容量瓶（50 mL），移液管（5 mL），比色皿（1 cm）和吸量管（1 mL、2 mL、10 mL）。

2. 药品

Fe^{2+}标准溶液 0.001 mol/L(含 0.5 mol/L HCl)，Fe^{2+}标准溶液 10 mg/L，邻菲咯啉 1.5 g/L，盐酸羟胺溶液 100 g/L(新配制)，NaAc 1.0 mol/L 和待测试液。

四、实验内容

1. 吸收曲线的制作

用吸量管吸收 10.00 mL 10 mg/L Fe^{2+}标准溶液，移入一只 50 mL 容量瓶中，另一只 50 mL 容量瓶不加 Fe 标准溶液，然后各加入 1.0 mL 100 g/L 盐酸羟胺溶液，2.0 mL 1.5 g/L 邻菲咯啉溶液和 5.0 mL 1.0 mol/L NaAc 溶液，以水稀释至刻度，摇匀。以不加 Fe 标准溶液的空白溶液为参比，用 1 cm 比色皿，722 型分光光度计在 440~560 nm，每隔 10 nm 测定一次吸光度 A。以波长为横坐标，吸光度为纵坐标，绘制吸收曲线，从而选择测量 Fe 的适宜波长（一般选用最大吸收波长λ_{max}）。

2. 标准曲线的制作和 Fe 含量的测量

在七只 50 mL 容量瓶中，分别用吸量管加入 0.00 mL，2.00 mL，4.00 mL，6.00 mL，8.00 mL，10.00 mL 10 mg/L Fe^{2+} 标准溶液，第七只容量瓶加入 5.00 mL 待测试液，再各加入 1.0 mL 100 g/L 盐酸羟胺溶液，2.0 mL 1.5 g/L 邻菲咯啉和 5.0 mL 1mol/L NaAc 溶液，用水稀释至刻度，摇匀。在所选择的波长λ_{max}下，用 1 cm 比色皿，以空白溶液为参比，用 i2 型分光光度计测定各溶液的吸光度。以 Fe 标准溶液质量浓度 $c(Fe^{2+})$ 为横坐标，吸光度 A 为纵坐标，绘制标准曲线。根据试样溶液的吸光度从曲线上查出其对应浓度，再计算原试液含 Fe^{2+}量（单位为 mg/L）。

3. 配合物组成的测定——摩尔比法

取八只 50 mL 容量瓶，各加入 1.00 mL 0.001 mol/L Fe^{2+}标准溶液和 1.00 mL 100 g/L 盐酸羟胺溶液，分别依次加入 1.0 mL，1.5 mL，2.0 mL，2.5 mL，3.0 mL，3.5 mL，4.0 mL，4.5 mL 0.001 mol/L 邻菲咯啉溶液，然后各加入 5 mL 1 mol/L NaAc 溶液，用 H_2O 稀释至刻度，摇匀。在波长 λ_{max}下，用 1 cm 比色皿，以蒸馏水为参比，测定各溶液的吸光度，以吸光度 A 为纵坐标，C_R/C_M（邻菲咯啉和金属离子的物质的量浓度之比）为横坐标作图。根据曲线上前后两部分延长线的交点位置，确定反应的配位比。

五、完成实验报告

（1）根据实验数据作出 Fe-Phen 配合物的吸收曲线图，确定最大吸收波长。

（2）制作 Fe-Phen 配合物的标准曲线图，确定试样溶液的浓度，并计算原试液的 Fe^{2+} 含量（单位为 mg/L）。

（3）制作 Fe-Phen 配合物的吸光度 A 与 C_R/C_M 关系图，确定配合物的组成。

（4）试根据本实验结果，计算邻菲咯啉-Fe(Ⅱ）配合物的摩尔吸收系数。

实验十二 化学反应热的测量

预习要求

(1) 阅读实验原理，了解化学反应热测量的原理和意义。
(2) 了解组装简易量热计的操作方法及注意事项。
(3) 预习报告中写出实验目的、原理及步骤，并作出记录数据的表格。

一、实验目的

(1) 学习使用简易量热计测定锌粉与硫酸铜溶液反应的反应热。
(2) 明确反应热的定义和测定反应热效应的一般原理和方法。
(3) 掌握利用外推法校正温度变化值，并学会作图和数据处理的方法。

二、实验原理

对于一个化学反应而言，由于反应物和生成物的热力学能不同，在反应过程中，反应系统的热力学能将发生改变。与此同时，系统以热或（和）体积功的形式与环境进行能量交换。由于体积功一般在数量上比热小，故化学反应的能量交换以热为主。

化学反应的反应热是指等温反应热，即当一个化学反应发生后，使产物的温度回到反应物的起始温度，整个过程中系统与环境所交换的热量。若反应是在恒压条件下进行的，则反应的热效应称为定压反应热（Q_p），且此反应热全部增加体系的反应焓变（ΔH），所以有：

$$\Delta H = Q_p$$

对于放热反应，$\Delta_r H_m$为负值，对于吸热反应，$\Delta_r H_m$为正值。

测定化学反应热的基本原理是能量守恒定律，即反应所放出的热会促使反应体系温度的升高。在绝热条件下，从系统反应前后温度的变化及有关物质的质量和热容，可计算出该反应放出的热量。对于一般的放热反应，反应热可以用图 3-3 所示的简易量热计测量。

本实验在定压（101325 Pa）条件下，用简易量热计测定下列反应的反应热：

$$Zn + Cu^{2+}(aq) = Zn^{2+}(aq) + Cu$$

为了使反应完全，使用的 Zn 粉要过量。

计算公式为：

$$Q_p = \Delta_r H_m^{\ominus}(298.15\ K) = -(\Delta T \cdot c_p \cdot V \cdot \rho + \Delta T \cdot c_{p,b}) \times 10^{-3} \times 1/n \tag{3-9}$$

式中　Q_p——定压反应热，kJ/mol；

$\Delta_r H_m^{\ominus}(298.15\ K)$——反应的标准摩尔焓变，kJ/mol；

ΔT——反应前后溶液的温度变化量，K，该值需用作图外推法确定；

c_p——溶液的质量定压热容，J/(K·g)；

$c_{p,b}$——量热计的定压热容（含过量锌粉），J/K；

V——溶液的体积，mL；

ρ——溶液的质量浓度，g/mL；

n——体积为 V 的溶液中含有 $CuSO_4$ 的物质的量，mol。

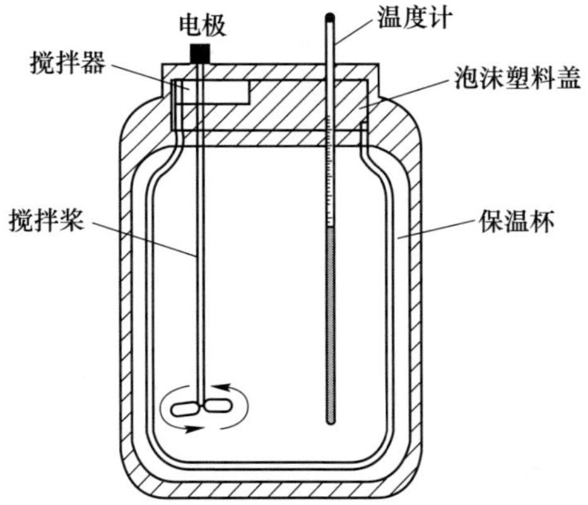

图 3-3　简易量热计

因反应速率很快，反应迅速达到平衡。但温度计显示系统温度的变化滞后，加之实验用简易量热计并非严格的绝热系统，在系统温度达到平衡的过程中，量热计不可避免地与环境进行少量热交换。为校正由这些因素引起的测定系统温度变化的偏差，进而缩小测定反应热与实际放热的偏差，需用图解法确定系统温度变化的最大值 ΔT。

用图解法校正测定偏差的方法为外推法：在直角坐标系下，以测得的温度为纵坐标，时间为横坐标作图，连成 abc 曲线（图 3-4）。a 点是反应的起始温度，b 点是测得的最高温度读数点。从温度上升至最高值的实验点到后面各点画一直线 bc，把这条线向后（左）外推（延长），至与反应物混合时间为零时（$t=0$）的垂线相交于 d 点，交点读数减去时间为零时的读数，得 ΔT。这样经过外推得到的 ΔT，较客观地反映了反应放热所引起的系统在反应前后真正的温差。

在测定反应热之前必须先测定所用量热计的定压热容 $c_{p,b}$，其定义是：恒定压力下温度每升高 1 ℃所需要的热量。测定方法为：在量热计中加入一定量（如 40 g）的室温下冷水，测定其温度为 T_L；加入相同量温度为 T_H 的热水，混合后

的水温为 T_M。已知水的质量热容为 4.18 J/(K·g)，则：

Q_p(热水放热) = $(T_H - T_m) \times 40\ g \times 4.18\ J/(K \cdot g)$

Q_p(冷水吸热) = $(T_m - T_L) \times 40\ g \times 4.18\ J/(K \cdot g)$

Q_p(量热计吸热) = $(T_m - T_L) \times c_{p,b}$ = Q_p(热水放热) − Q_p(冷水吸热)

质量定压热容 $c_{p,b}$ 为：

$$c_{p,b} = \frac{(T_H - T_m) \times 40\ g \times 4.18\ J/(K \cdot g) - (T_m - T_L) \times 40\ g \times 4.18\ J/(K \cdot g)}{(T_m - T_L)}$$

$$= \frac{(T_H + T_L - 2T_m) \times 40\ g \times 4.18\ J/(K \cdot g)}{(T_m - T_L)} \qquad (3\text{-}10)$$

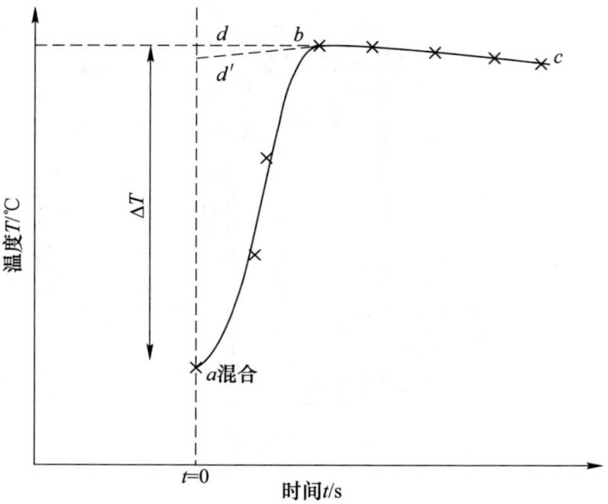

图 3-4 反应体系的温度-时间曲线

三、仪器和药品

1. 仪器

电子天平、烧杯（100 mL）、量筒（50 mL）、温度计（具有 0.05 ℃刻度）、简易量热计、秒表、试管、移液管（50 mL）。

2. 药品

$CuSO_4$ 溶液（0.20 mol/L）、锌粉（分析纯）、Na_2S 溶液（0.1 mol/L）。

四、实验步骤

1. 测定量热计的定压热容 $c_{p,b}$

（1）用量筒量取 40 mL 自来水加入量热计中（含有 1.0 g 的 Zn 粉），盖上带有温度计和搅拌器的盖子，适当搅拌，记录温度 T_L（温度精确到 0.05 ℃）。

（2）在 250 mL 塑料杯中配制适当温度的热水，用温度计粗测温度，调节其温度高于 T_L 约 15 ℃。

（3）用量筒量取 40 mL 步骤（2）热水，倒入 100 mL 烧杯中。调节 T_H 高于 T_L 7~10 ℃，并精确测量温度 T_H。尽快将该热水倒入步骤（1）的量热计中，立即盖上盖子并轻轻搅拌，测出混合后的水温 T_m。

（4）用公式（3-10）计算量热计定压热容 $c_{p,b}$。

2. 锌与硫酸铜溶液反应热的测定

（1）用电子天平称取 1.0 g 锌粉，加入量热计中，等待 3 min，使其与量热计温度相同，记录此时的室温。

（2）用移液管准确量取 0.20 mol/L、温度为室温的 $CuSO_4$ 溶液 50.00 mL，注入量热计中，盖好盖子，记录此时（$t=0$）的温度。

（3）用搅拌器不断搅拌溶液，每隔 30 s 记录一次温度，当温度升至最高值后开始下降时，再继续测定并记录 3 min。

（4）记录结束后，静置一段时间，取出量热杯中清液约 1 mL 于试管中，加入数滴 0.1 mol/L Na_2S 溶液，观察反应有无沉淀生成，可说明反应进行的程度。

五、实验数据记录与处理

1. 量热计定压热容的测定

将实验数据记入表 3-10 中。

表 3-10　实验数据记录

项　　目	数　　据
冷水的温度读数 T_L/℃	
热水的温度读数 T_H/℃	
混合水的温度读数 T_m/℃	
热量计的定压热容计算	

2. 反应热的测定

根据不同反应时间，每隔 30 s 将温度记录于表 3-11 中。以时间 t(s) 为横坐标，温度 T(℃) 为纵坐标作温度-时间图，外推得出反应后溶液的温度，计算出反应前后温度的变化 ΔT。按公式（3-9）计算得到反应热 Q。

其中，$CuSO_4$ 溶液的质量定压热容近似地以纯水在 298.15 K 的质量定压热容计算，$c_p(H_2O)$ = 4.18 J/(K·g)；溶液的质量浓度 ρ=1.02 g/mL。

表 3-11　实验数据记录

时间 t/s	0	30	60	90	120	150	180	210	…
温度 T/℃									

六、注意事项

温度计的单位为℃，不是 K，但由于要求的是温差 ΔT，而 T_1、T_2 直接用℃为单位相减与先把 T_1、T_2 换算到以 K 为单位再求温差在数值上是相同的，所以本实验中直接以“℃”为单位作图。

七、思考题

（1）如何根据实验结果计算反应热?

（2）对于 ΔT 的量值，为什么不按混合后的最高温度和刚混合的温度之差求出，而采用外推法求出?

（3）从理论上计算 $Zn + Cu^{2+}(aq) = Zn^{2+}(aq) + Cu$ 的 $\Delta_r H_m^{\ominus}(298.15\ K)$ 是多少? 计算反应热的理论值，并与实验所测得的数值进行比较，分析误差出现的原因。

实验十三　瞬时反应速率的测定

预习要求

（1）阅读化学反应速率的定义。
（2）了解瞬时反应速率的常用测定方法。
（3）思考测定瞬时反应速率的意义。
（4）预习报告中写出实验目的、原理，实验步骤。

一、实验目的

（1）加深对瞬时反应速率基本概念的理解。
（2）了解瞬时反应速率的测定原理和方法。
（3）掌握利用作图法处理数据。

二、实验原理

瞬时反应速率是指反应在某一时刻的真实速率，即反应时间间隔趋于零时的平均速率。

$$v=\lim_{\Delta t\to 0}\left[\frac{1}{\nu_B}\times\frac{\Delta c(B)}{\Delta t}\right]=\frac{1}{\nu_B}\times\frac{dc(B)}{dt}$$

式中，ν_B为反应任一物质 B 的化学计量数，对任意反应 $aA + dD \rightleftharpoons gG + hH$ 有：

$$v=-\frac{1}{a}\times\frac{dc(A)}{dt}=-\frac{1}{d}\times\frac{dc(D)}{dt}=\frac{1}{g}\times\frac{dc(G)}{dt}=\frac{1}{h}\times\frac{dc(H)}{dt}$$

测量反应体系中某一反应物或生成物在不同反应时刻对应的浓度，绘制该物质浓度随时间的变化关系曲线 c-t（图 3-5），则反应在任一时刻的瞬时反应速率为：

$$v(B)=\frac{1}{\nu_B}\times\frac{dc(B)}{dt}=\frac{1}{\nu_B}\times k_t$$

式中，k_t 为曲线在时刻 t 时的斜率，如图 3-5 所示。

$$k_2=k(EF)=\frac{ED}{DF}=\frac{c(D)-c(E)}{t(F)-t(D)}$$

所以
$$v(B)=\frac{1}{\nu_B}\times\frac{dc(B)}{dt}=\frac{1}{\nu_B}\times k(EF)=\frac{1}{\nu_B}\times\frac{c(D)-c(E)}{t(F)-t(D)}$$

本实验以过二硫酸铵与碘化钾的反应为测量体系，以过二硫酸铵作为测量标准测定反应的瞬时反应速率。在水溶液中，$(NH_4)_2S_2O_8$ 和 KI 的反应为：

$$S_2O_8^{2-}+2I^- = 2SO_4^{2-}+I_2 \qquad (3\text{-}11)$$

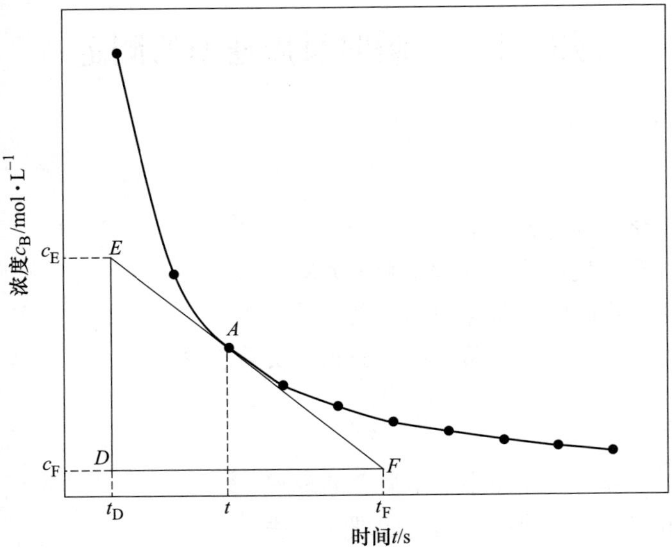

图 3-5 c-t 曲线图

实验中，利用 $(NH_4)_2S_2O_8$ 的初始浓度与反应一段时间 Δt 后消耗掉的 $(NH_4)_2S_2O_8$ 浓度相减而计算得到反应体系中反应时刻 t 对应的 $(NH_4)_2S_2O_8$ 浓度。为此，向反应体系加入一定体积和浓度的 $Na_2S_2O_3$ 溶液和淀粉溶液。$Na_2S_2O_3$ 与反应（3-11）生成的 I_2 即刻发生下列反应：

$$I_2 + 2S_2O_3^{2-} \longrightarrow 2I^- + S_4O_6^{2-} \tag{3-12}$$

反应（3-12）比反应（3-11）的反应速率快得多，反应（3-11）生成的 I_2 立即被 $S_2O_3^{2-}$ 所消耗，故溶液中即使有淀粉，也不会显蓝色。当溶液中的 $S_2O_3^{2-}$ 反应完时，反应（3-11）生成的 I_2 不能再被消耗，I_2 遇淀粉使体系显示蓝色。并且，在体系显示蓝色之前，体系中 KI 的浓度保持不变，而消耗掉的 $(NH_4)_2S_2O_8$ 浓度可由加入的 $Na_2S_2O_3$ 计量。体系显示蓝色时对应时刻的 $(NH_4)_2S_2O_8$ 浓度为：

$$c = c_0 - \frac{V \cdot c(Na_2S_2O_3)}{2V_{总}}$$

式中，c_0 为反应体系中 $(NH_4)_2S_2O_8$ 的初始浓度；c 为反应体系变色时刻 $(NH_4)_2S_2O_8$ 的浓度；$c(Na_2S_2O_3)$ 为 $Na_2S_2O_3$ 试剂的浓度；V 为所加 $Na_2S_2O_3$ 溶液的体积；$V_{总}$ 为反应体系的总体积。

在 $(NH_4)_2S_2O_8$ 和 KI 初始浓度相同的 5 个体系中，分别加入不同体积的 $Na_2S_2O_3$ 溶液，则每个反应体系从反应开始到体系显示蓝色所经历的时间内消耗的 $(NH_4)_2S_2O_8$ 不一样，所经历的时间也不一样，即相当于在同一体系中测得 5 个不同时刻对应的 $(NH_4)_2S_2O_8$ 浓度。测量反应开始到体系显示蓝色所经历的时

间 t，可得 $(NH_4)_2S_2O_8$ 的浓度 c 与时间 t 的关系，通过作图法即可计算得到反应（3-11）的瞬时反应速率。

三、仪器和试剂

秒表（2 人 1 只），25 mL 烧杯 5 只，10 mL 吸量管 1 支，5 mL 吸量管 4 支，250 mL 烧杯 1 只，玻棒 1 根，洗瓶 1 个，磁力搅拌器 1 台，磁棒（搅拌子）1 个。

KI（0.90 mol/L），$Na_2S_2O_3$（0.80 mol/L），$(NH_4)_2S_2O_8$（0.80 mol/L），Na_2SO_4(0.80 mol/L)，淀粉溶液（0.2%）。

四、实验内容与步骤

实验所用试剂浓度及体积见表 3-12。

表 3-12　试剂用量和数据记录

实验编号		①	②	③	④	⑤
A	KI(0.90 mol/L) 用量/mL	10	10	10	10	10
B	$Na_2S_2O_3$(0.80 mol/L) 用量/mL	1	2	3	4	5
C	淀粉（0.2%）用量/mL	1	1	1	1	1
D	Na_2SO_4(0.80 mol/L) 用量/mL	5	4	3	2	1
E	$(NH_4)_2S_2O_8$(0.80 mol/L) 用量/mL	3	3	3	3	3
反应体系总体积 $V_{总}$/mL						
$S_2O_8^{2-}$ 初始浓度 c_0/mol/L						
变色时刻 $S_2O_8^{2-}$ 浓度 c/mol/L						
变色时间 t/s						

（1）根据表 3-12 所列试剂名称，将其序号贴在洗净的吸量管上，然后用待取的相应试剂分别润洗吸量管 2~3 次。

（2）在室温下，按表 3-12 中实验编号①所列试剂用量，以相应吸量管分别准确量取 KI、$Na_2S_2O_3$、淀粉和 Na_2SO_4溶液于干净的 25 mL 烧杯中，加入磁棒，置于磁力搅拌器上，打开搅拌器搅拌均匀，然后迅速加入已量取好的 $(NH_4)_2S_2O_8$ 溶液于烧杯中，同时启动秒表计时。持续搅拌，仔细观察溶液颜色变化，待蓝色刚一出现，立即按停秒表，将反应时间记录于表 3-12 中。

（3）重复操作（2）的实验步骤，进行编号②~⑤的实验，将各实验编号的反应时间记录于表 3-12 中。

（4）计算表 3-12 中的其他各项，依据表中的 c、t 数据，作 c-t 曲线图，并求出 t=100 s 时的瞬时反应速度。

本实验注意事项：

（1）量取试剂的吸量管要严格专用，不得混用，否则会影响测定的准确性。

（2）实验中加入的 Na_2SO_4 溶液是为保持各反应体系总体积相同，离子强度基本一致。

（3）本实验所用 $(NH_4)_2S_2O_8$ 和淀粉溶液要求是新配制的，且 $(NH_4)_2S_2O_8$ 的 pH 值应大于 3，否则 $(NH_4)_2S_2O_8$ 会部分分解，不能使用。KI 溶液应为无色透明溶液，如已呈浅黄色，表示有 I_2 析出，不能使用。所用试剂中如混有 Cu^{2+}、Fe^{3+} 等杂质，对反应有催化作用，必要时可加几滴 0.01 mol/L EDTA 溶液消除这些金属离子的影响。

五、思考题

（1）本实验中时间用分或小时为单位作图是否可以？为什么？

（2）本实验中，当溶液出现蓝色后，反应是否就停止了？

（3）讨论下列情况对本实验结果有何影响？还有哪些因素会影响实验结果的准确性？

1）取用试剂的吸量管没有分开专用；

2）缓慢地加入 $(NH_4)_2S_2O_8$ 溶液；

3）先将 $(NH_4)_2S_2O_8$ 溶液与其他试剂溶液混合，最后加 KI 溶液；

4）加入 $(NH_4)_2S_2O_8$ 溶液后，采取先计时后搅拌或先搅拌后计时；

5）反应过程中温度不恒定。

实验十四　水垢的清除

预习要求

（1）阅读沉淀-溶解平衡的相关知识，了解沉淀的生成、沉淀的溶解和沉淀的转化的条件。

（2）查阅资料，了解水垢生成的原因及水垢的成分和危害。

（3）按要求完成预习报告。

一、实验目的

（1）加深对溶度积规则以及沉淀溶解和沉淀转移的理解和应用。

（2）掌握清除水垢的原理和方法。

（3）增加日常生活中化学常识的了解。

二、实验原理

水垢俗称“水锈”“水碱”，是指硬水煮沸后所含矿物质附着在容器（如锅、壶、锅炉等）内壁逐渐形成的白色块状或粉末状的物质。水垢的导热能力很差，如果锅炉内形成的水垢过厚，则会导致锅炉热效率下降，甚至会引起锅炉爆管造成锅炉事故。日常生活中，很多家庭会使用水壶烧水饮用或作其他用途；大学校园里学生饮用的开水、公共浴室用的热水，北方冬季提供暖气等，需要使用锅炉烧水；一些工农业生产也离不开使用锅炉烧水。经过长期烧煮后，水壶或锅炉内壁会结有一层厚厚的水垢，使其传热能力下降，增加能耗和时耗，降低人们的生活质量。对于大型的锅炉而言，问题则更为严重，锅炉内结垢使锅炉内金属管道的导热能力大大降低，浪费燃料不说，常常会使管道局部过热，当超过金属允许的温度时，锅炉管道将变形或损坏，严重时会引起爆炸事故。

尽管很多个人和单位已经意识到及时处理水垢的重要性，但由于缺乏相关的知识或者采用的方法不当，锅炉因结垢引起的爆管、鼓包事故时有发生。每年酸洗除垢的锅炉台数庞大，因结垢造成的锅炉燃料浪费也很严重。因此，清除水垢的相关知识在生产生活中是必需而且重要的。

水垢是水里的钙离子和镁离子等以沉淀的形式在水壶或锅炉内壁经长期烧煮后沉积而成的，其主要成分为 $CaCO_3$、$Mg(OH)_2$、$CaSO_4$，其相对含量比大致为 5∶1∶1。水垢中的 $CaCO_3$、$Mg(OH)_2$ 可以通过酸洗除去。但 $CaSO_4$ 不溶于酸，

所以去除 $CaSO_4$ 是水垢去除的难题。

学习了沉淀-溶解平衡相关知识后，我们知道 $CaSO_4$ 的溶度积常数（4.93×10^{-5}，298 K）大于 $CaCO_3$ 的（2.8×10^{-9}，298 K），利用沉淀转化的原理，可以将 $CaSO_4$ 先转化成疏松并溶于酸的 $CaCO_3$，再加酸除去。本实验利用沉淀的转化和溶解的知识，用安全和简便的方法，将锅炉和水壶中的水垢溶解除去。

在处理水垢时，通常先加入饱和 Na_2CO_3 溶液浸泡，将发生下列沉淀转化反应：

$$CaSO_4(s) + CO_3^{2-} \rightleftharpoons CaCO_3(s) + SO_4^{2-}$$

这是两个沉淀溶解平衡的竞争，由于 $CaSO_4$ 的溶度积为 $K_{sp}^{\ominus}=4.93\times10^{-5}$，$CaCO_3$ 的溶度积为 $K_{sp}^{\ominus}=2.8\times10^{-9}$，由此可计算得到该转化反应的竞争平衡常数为：

$$K_j^{\ominus}=\frac{K_{sp}^{\ominus}(CaSO_4)}{K_{sp}^{\ominus}(CaCO_3)}=1.47\times10^4$$

上述反应的平衡常数较大，说明该转化反应容易进行。既难溶于水又难溶于酸的 $CaSO_4$，被转化为 $CaCO_3$，再向处理后的水垢中加入 NH_4Cl 溶液，弱酸 NH_4^+ 使 $CaCO_3$ 和 $Mg(OH)_2$ 分别生成弱电解质 H_2CO_3 和 $NH_3\cdot H_2O$ 而溶解，从而将锅炉水垢全部清除。由于 NH_4Cl 酸性较弱，锅炉本体也基本不被腐蚀。整个过程涉及的反应如下：

$$Mg(OH)_2(s) + 2NH_4^+ \rightleftharpoons Mg^{2+} + 2NH_3 + 2H_2O \quad K^{\ominus}=1.7\times10^{-2}$$

$$CaCO_3(s) + 2NH_4^+ \rightleftharpoons Ca^{2+} + 2NH_3 + H_2CO_3 \quad K^{\ominus}=3.3\times10^{17}$$

三、仪器和试剂

天平、烧杯，量筒、玻棒。

锅垢样品 [$CaCO_3$: $Mg(OH)_2$: $CaSO_4$ = 5 : 1 : 1]、饱和 Na_2CO_3 溶液、$NH_4Cl(s)$、去离子水。

四、实验内容与步骤

（1）称取 2 g 锅垢样品于 100 mL 烧杯中，加入 20 mL 饱和 Na_2CO_3 溶液搅拌均匀，放置 10~15 min，放置过程不时搅拌，使 $CaSO_4$ 完全转化成 $CaCO_3$。观察并记录实验现象。

（2）向（1）中加入过量的 $NH_4Cl(s)$，并不断搅拌，直至体系变得澄清为止。观察并记录实验现象。

五、思考题

（1）水垢的处理为什么要先加入饱和 Na_2CO_3 溶液？

（2）至少加入多少 $NH_4Cl(s)$ 才能保证其过量？

（3）为使 $Mg(OH)_2$ 溶解，所需 NH_4Cl 的浓度会不会很小，为什么？

实验十五 四苯基卟啉的合成

预习要求

(1) 阅读实验原理，了解卟啉类化合物的结构特征和基本性质。
(2) 预习合成装置的安装和操作方法。
(3) 预习报告中列出实验步骤和记录原始数据的表格。

一、实验目的

(1) 通过四苯基卟啉的合成，熟悉有机合成实验中的基本操作。
(2) 掌握柱层析法提纯化合物的基本方法。
(3) 掌握紫外-可见光谱仪的操作与谱图分析。

二、实验原理

叶啉是一种广泛存在于自然界的活性物质，叶绿素和血红素是其典型代表，分别为镁卟啉和铁卟啉的衍生物。卟啉的核心结构卟吩环是由四个取代吡咯分子通过四个次甲基碳原子交替连接形成的封闭而连续的共轭大环，具有芳香性（图 3-6）。卟啉是将卟吩环外围的氢原子用各种基团取代后生成的衍生物的总称，其中天然卟啉通常是在 β-位（2，3，7，8，12，13，17，18 共八个位置的统称）连有取代基，而人工合成的卟啉通常是 meso-位（5，10，15，20 共四个位置的统称）取代的。人工合成的卟啉具有良好的稳定性，通常为红色或紫色固体，可以溶于氯仿、甲苯等有机溶剂，不溶于甲醇或水。卟啉环内的两个氢原子可以脱去，使其作为环状四齿配体与金属离子形成稳定的配合物。卟啉及其金属配合物具有丰富的光电及生物活性，是非线性光学、光电转换、光催化及生物医学等领域的重要研究对象。

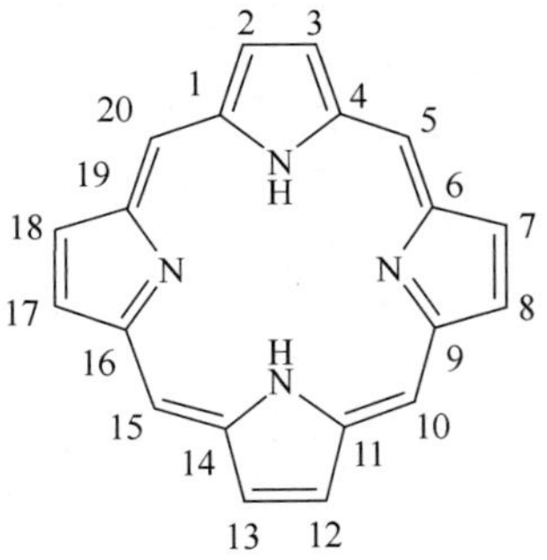

图 3-6 卟吩环结构示意图

常用于实验室合成卟啉的方法包括 Adler 法、Lindsey 法和 MacDonald 法，本实验采用 Adler 法合成四苯基卟啉：将摩尔比为 1∶1 的苯甲醛和吡咯在回流的丙酸中反应约 30 min，即可制得四苯基卟啉，方程式如图 3-7 所示。

反应完成后自然冷却到室温，抽滤收集四苯基卟啉固体，洗涤并干燥后称重计算产率（相对分子质量 614.75），可以用氯仿为洗脱剂过硅胶柱色谱进行提

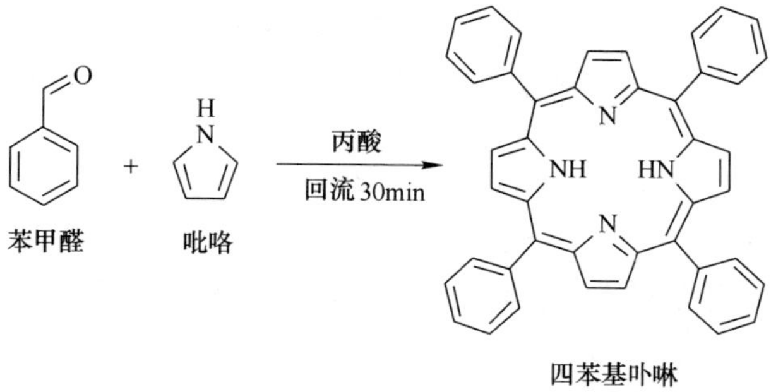

图 3-7　Adler 法合成四苯基卟啉

纯。通过测定紫外-可见吸收光谱进行初步鉴定。

三、仪器和药品

1. 仪器

500 mL 控温电磁搅拌加热器 1 台、铁架台 2 个、铁夹 3 个、升降台 1 个、旋转蒸发仪 1 台、分析天平 1 台和紫外-可见分光光度计 1 台。

玻璃仪器：三口圆底烧瓶（250 mL，19 号口）1 个，搅拌磁子 1 个，回流冷凝管（20 cm，19 号口）1 个，液封 1 个，恒压滴液漏斗（50 mL，19 号口）1 个，空心塞（19 号口）3 个，短颈漏斗（6 cm）1 个，布氏漏斗（6 cm）1 个，抽滤瓶（500 mL）1 个，表面皿（10 cm）1 个，色谱柱（3 cm×30 cm）1 根，单口圆底烧瓶（250 mL，19 号口）1 个，具塞三角瓶（200 mL，19 号口）3 个，烧杯（250 mL）1 个，容量瓶（100 mL）2 个，移液管（10 mL）1 支，移液管（5 mL）1 支，胶头滴管 5 支，玻璃棒 2 根，药匙 1 把。

2. 药品

吡咯（使用前重蒸，取 128～132 ℃馏分），苯甲醛（A. R.），丙酸（A. R.），甲醇（A. R.），三氯甲烷（A. R.），硅胶（200～300 目，柱层析用）。

四、实验内容

1. 四苯基卟啉的合成（图 3-8）

在 250 mL 的三口圆底烧瓶中间口装回流冷凝管，冷凝管上端接液封，液封内装约 5 mL 甘油。三口烧瓶一侧口装恒压滴液漏斗，另一侧口盖空心塞。取 100 mL 丙酸和 4 mL(0. 04 mol) 苯甲醛置于 250 mL 三口圆底烧瓶中，搅拌并加热（约 100 V），当溶液开始沸腾时用恒压滴液漏斗将溶于 20 mL 丙酸的2. 8 mL（0. 04 mol）吡咯逐滴加入，约 10 min 加完，然后继续回流 30 min 后停止加热，冷却至室温，抽滤，得紫色晶体。先用20 mL甲醇洗涤，再用蒸馏水洗涤20 mL×3次，再用甲醇洗涤至滤液无色，抽干，将固体转移到表面皿上置于真空干燥器中干燥30 min，称重并计算产率❶。

2. 四苯基卟啉的提纯（图3-9）

在色谱柱最下端放一脱脂棉球，依次装2 cm水洗砂，15 cm硅胶，1 cm水洗砂。其中硅胶要用氯仿调成糊状装入，待硅胶层稳定后再装最上层水洗砂，每一层装完后要调整界面均匀平整。

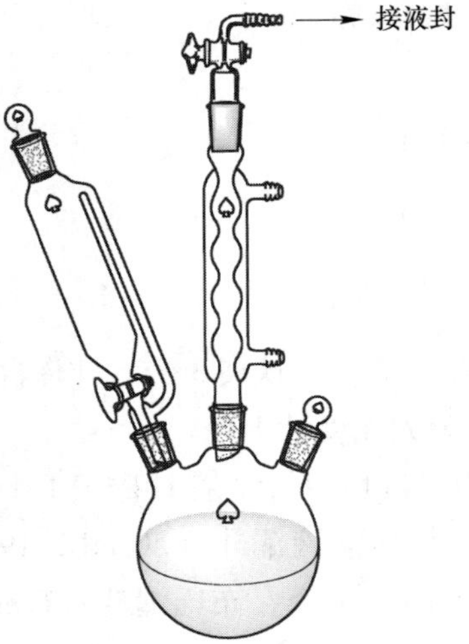

图3-8 四苯基卟啉的合成装置

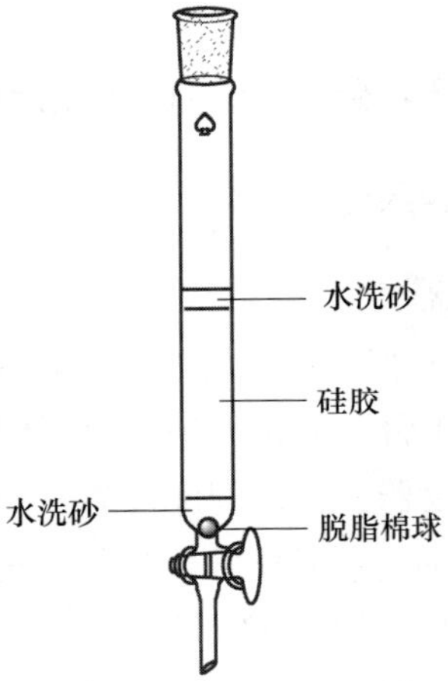

图3-9 硅胶色谱柱装置

将100 mg四苯基卟啉粗产品充分溶解于20 mL氯仿中，用滴管小心加入色谱柱最上端，待有色溶液全部渗入硅胶后再加入约200 mL氯仿洗脱，用三角瓶收集最先流出的红色带，收集完成后倒入250 mL单口圆底烧瓶中，用旋转蒸发仪浓缩至约10 mL，冷却后小心沿瓶壁加入40 mL甲醇，静置约30 min后过滤，用甲醇洗涤固体，充分干燥后备用。

3. 四苯基卟啉的紫外-可见光谱分析

取约10 mg四苯基卟啉溶于100 mL氯仿中配成储备液，从此储备液中取约1.2 mL稀释为100 mL，配成约2.0×10^{-6}mol/L的氯仿溶液，测定并记录其300~700 nm范围的吸收光谱，与文献数据对照进行初步鉴定❷。

---

❶ 四苯基卟啉分子式为$C_{44}H_{30}N_4$，相对分子质量为614.75。

❷ 四苯基卟啉在氯仿溶液中的紫外-可见光谱数据：λ_{max}418.5 nm($\varepsilon=468000$)，481 nm($\varepsilon=3400$)，515 nm($\varepsilon=19000$)，548 nm($\varepsilon=7900$)，592.5 nm($\varepsilon=5300$)，648.5 nm($\varepsilon=3400$)。

五、思考题

（1）为何要将吡咯溶于丙酸中逐滴加入反应体系中？

（2）试分析影响四苯基卟啉产率的因素有哪些，如何提高其产率？

实验十六　纸色谱法分离与鉴定金属离子

预习要求

（1）阅读实验原理，纸色谱法分离各组分的原理是什么？

（2）预习报告中列出实验步骤和记录原始数据的表格。

（3）思考为什么要用铅笔而不能用钢笔或圆珠笔在层析纸上画原点线？

（4）浓氨水为什么可用作许多阳离子的显色剂？试写出你所鉴定的阳离子与浓氨水的化学反应方程式。

（5）单独离子的 R_f 值与其在混合溶液中的 R_f 值是否有差别？为什么？

（6）若用黄血盐、赤血盐使离子斑点显色，4 种已知试样分别显示什么颜色？

（7）若实验时不慎将斑点浸入有机溶剂，将给实验带来什么后果？

一、实验目的

（1）了解纸色谱法的原理及操作方法。

（2）学习用纸色谱法分离溶液中的金属离子。

（3）学习如何根据组分的 R_f 值分离鉴别未知试样的组分。

二、实验原理

色谱分析法是一种利用各种物质在介质中的迁移速度不同来分离鉴定物质的分析方法。由于各种待分离物质的极性、溶解性、粒子（分子或离子）尺寸及形状不同，其与固定相的相互作用强度（包括热力学及动力学因素）不同，所以在特定的洗脱强度下，各种物质在固定相中具有不同的迁移速度，从而呈现不同的保留时间。

纸色谱法是在滤纸上进行的薄层色谱分析法。将少量含有几种金属离子的试液滴在滤纸底边附近，待试液挥发干后，将滤纸的底边浸入展开剂（一般为含水的有机溶剂）中，由于毛细作用，展开剂将沿着滤纸上升。滤纸纤维所吸附的水构成了固定相，有机溶剂构成了流动相。当展开剂经过阳离子试样时，试样各组分在固定相和流动相中具有不同的分配系数。在有机溶剂中溶解度较大的组分倾向于随有机溶剂向上迁移，即迁移速度较快；而在水中溶解度较大的组分倾向滞留在原来位置，即迁移速度较慢。由于它们以不同的速度在纸上迁移，一段时间后便可达到分离的目的。然后将此滤纸用显色剂处理，离子停留的部位即可显出色斑来（图 3-10）。

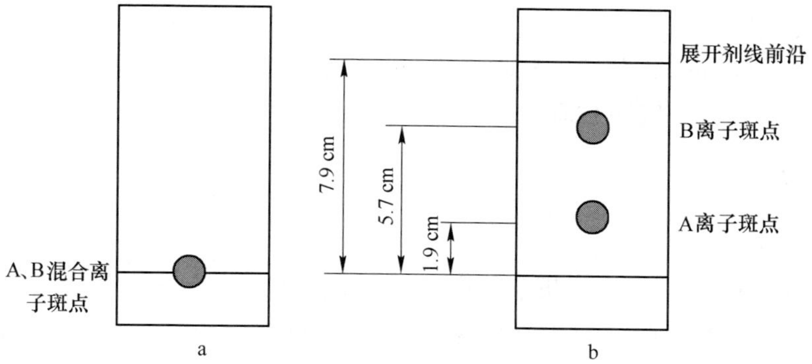

图 3-10　离子 A、B 在滤纸上层析示意图

a—层析前；b—层析后

金属离子在滤纸上迁移的距离与很多因素有关。但当层析纸、固定相、流动相和温度固定时，每种阳离子的比移值 R_f 却基本上是一常数。R_f 的定义为：

$$R_f = \frac{\text{原点至色谱点中心的距离}}{\text{原点到溶剂前沿的距离}}$$

例如，图 3-10 中 A、B 离子的 R_f 值分别为：

$$R_f(A) = \frac{1.9\ \text{cm}}{7.9\ \text{cm}} = 0.24 \qquad R_f(B) = \frac{5.7\ \text{cm}}{7.9\ \text{cm}} = 0.72$$

不同物质具有不同的 R_f 值，这就是色谱法用于定性分析的基础。但是各种因素对 R_f 值影响很大，实验中 R_f 重复性往往较差，因此一般定性分析中多采用与纯组分在同一色谱条件下直接对照的方法来做未知物的鉴定。R_f 值最小为 0，即斑点在原地不动；最大为 1，即该组分随溶剂扩展到溶剂前沿。从组分 R_f 值之间相差大小可判断彼此能否分离。在一般情况下，R_f 相差 0.02 以上即可以相互分离。当然在几种组分互相分离时，各 R_f 值相差越大，其分离效果越好。

试样在滤纸上展开以后，多种情况下是无色的，无法确定某种组分的位置，所以要根据物质的特性喷洒适宜的显色剂进行显色，从而得到色谱图。根据 R_f 值及斑点颜色（与已知试样对照）可以判断溶液中存在何种组分。

三、仪器和药品

1. 药品

$FeCl_3$(0.5 mol/L)，$CuCl_2$(0.5 mol/L)，$CoCl_2$(0.5 mol/L)，$MnCl_2$(0.5 mol/L)，Fe^{3+}、Cu^{2+}、Co^{2+}、Mn^{2+}混合液，未知试液（可能含 Fe^{3+}、Cu^{2+}、Co^{2+}、Mn^{2+} 中的一种或两种），$NH_3 \cdot H_2O$（浓），展开剂（按体积比丙酮：浓盐酸：水 = 19：4：2 配制而成，必须临用前配制）。

2. 仪器

烧杯（600 mL），玻璃干燥器（30 cm），层析纸（也可用 Whatman 滤纸或新华慢速定量滤纸），玻璃毛细管（ϕ=0.5 mm）。

四、实验内容

1. 点样

取一张 11 cm×16 cm 层析纸，在离底边 1 cm 处用铅笔画一条直线作原点线。将该线段八等分，即每线段长 2 cm。除去两边最外一线段外，用玻璃毛细管（ϕ=0.5 mm）在每一线段中点依次点加 Fe^{3+}、Cu^{2+}、Co^{2+}、Mn^{2+}，混合试液和从教师处领来的未知试液（图 3-11）。注意：斑点中心应落在原点线上，斑点直径不要超过 3 mm（最好用毛细滴管在其他滤纸片上先练习一下，成功后再在层析纸上点加）。将点好试液的滤纸置于通风处让其充分干燥。将一条长 4~5 cm 透明胶带的一半粘贴在滤纸的左上角（图 3-11），胶带的另一半粘贴在滤纸的右上角，使滤纸围成圆柱形（图 3-12）。务必仔细粘贴胶带，要做到滤纸两边缘在圆柱体中互相平行，当把圆柱体立于台面上时应该垂直于台面。

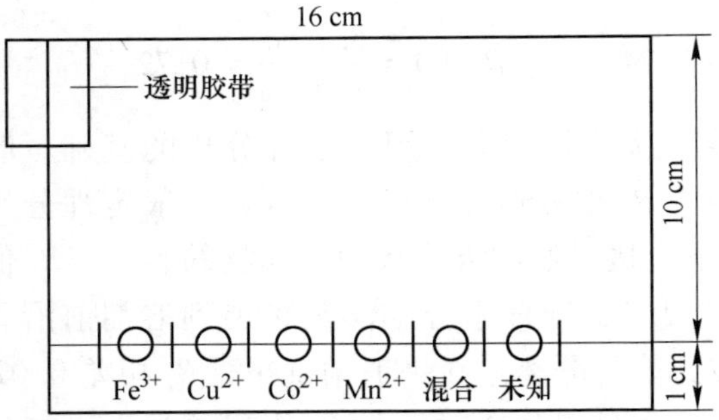

图 3-11 层析纸上试样斑点分布

图 3-12 层析纸围成圆柱形

2. 展开

在 600 mL 烧杯中加入 15 mL 展开剂，将圆柱形滤纸以原点线在下放入烧杯。展开剂液面必须保持在原点线之下，圆柱体不得与烧杯壁接触。然后蒙上塑料薄膜并用橡皮筋固定。展开剂沿滤纸自下而上均匀展开，当展开剂前沿到达滤纸顶边近 2 cm 处（约需 40 min），将滤纸从烧杯中取出，迅速用铅笔将展开剂前沿标出。

3. 显色

待滤纸干燥后，剪开胶带，将其平放在干燥器的瓷板上，干燥器底部盛有约 10 mL 浓氨水，让层析纸在氨气中熏 5 min 左右。

4. 鉴定

（1）记录 Fe^{3+}、Cu^{2+}、Co^{2+}、Mn^{2+} 显色后斑点的颜色，并测出各离子的 R_f 值。

（2）记录未知试样离子显色后斑点的颜色，测出其 R_f 值，并通过与已知离子斑点的颜色和 R_f 值的比较，鉴定未知试样的阳离子组分。

将实验数据记录与处理结果填入表 3-13 中。

表 3-13　纸上色谱数据记录与处理

测试项目	离子			
	Fe^{3+}	Cu^{2+}	Co^{2+}	Mn^{2+}
斑点颜色 $NH_3(g)$				
展液移动的距离 b/cm				
离子移动的距离 a/cm				
$R_f=a/b$				

五、实验后回答的问题

（1）纸色谱法分离各组分的原理是什么？

（2）加样时如果斑点直径太大，会有什么后果？

（3）为什么要用铅笔而不能用钢笔或圆珠笔在层析纸上画原点线？

（4）展开时如果没有用塑料薄膜将烧杯密封，这时测得的 R_f 值与密封的相比，有什么不同？为什么？

（5）Fe^{3+}、Cu^{2+}、Co^{2+}、Mn^{2+} 在盐酸溶液中都可以与 Cl^- 配位（如 Fe^{3+} 可形成 $FeCl^{2+}$、$FeCl_2^+$、$FeCl_3$、$FeCl_4^-$），而这四种阳离子与 Cl^- 配位的能力是 $Fe^{3+}>Cu^{2+}>Co^{2+}>Mn^{2+}$。例如，在 6 mol/L 的 HCl 溶液中它们分别主要以 $FeCl_4^-$、$CuCl_3^-$、$CoCl_3^-$、$MnCl^+$ 形式存在；在 2.5 mol/L 的 HCl 溶液中 Cu^{2+} 才以 $CuCl^+$ 形式存在；在更稀的 HCl 溶液中 Fe^{3+} 才以 $FeCl^{2+}$ 形式存在。另外在强酸性溶液中配阴离子会质子化而生成 $H[FeCl_4]$、$H[CuCl_3]$、$H[CoCl_3]$ 等易溶于丙酮的中性分子。试用以上知识回答：

1）展开剂中为什么要有盐酸成分？

2）如果将展开剂中的盐酸浓度降低，预测 R_f 值将如何变化？

3）Fe^{3+}、Cu^{2+}、Co^{2+}、Mn^{2+} 的 R_f 值为什么有如实验所得的大小次序？

实验十七 二茂铁的合成

预习要求

（1）阅读二茂铁合成的原理和方法。
（2）阅读显微熔点仪的使用规程。
（3）按要求完成预习报告。

一、实验目的

（1）通过二茂铁的合成实验，掌握无水无氧合成操作。
（2）掌握升华法提纯化合物操作技术。
（3）学习通过熔点测定来分析鉴定化合物的方法。

二、实验原理

二茂铁（Ferrocene）又名二环戊二烯基合铁，是由两个环戊二烯基阴离子和一个二价铁阳离子组成的夹心型化合物。其分子式为 $Fe(C_5H_5)_2$，常温下为橙黄色固体，熔点为 172~174 ℃，高于 100 ℃时易升华，可溶于乙醇、乙醚、苯、石油醚等有机溶剂，不溶于水。二茂铁具有良好的化学稳定性和热稳定性，其化学反应特性与芳香族化合物类似，易发生亲电或亲核取代反应而不易发生加成反应。二茂铁及其衍生物在科学研究和生产生活中用途非常广泛，例如二茂铁可以作为燃料添加剂，起到助燃、消烟以及抗震作用，也可以作为催化剂或药物。

二茂铁的制备方法可分为电解合成法和化学合成法两大类。其中电解合成法以铁板为阳极，以环戊二烯和碘化钠的混合物为电解质，在直流电作用下生成二茂铁，具有选择性高、三废少等优点，可以用于工业化生产。而化学合成法主要用于实验室合成少量二茂铁，包括二乙胺法、环戊二烯钠法、相转移催化法等。

本实验采用乙二胺法合成二茂铁，即首先以四氢呋喃（THF）为溶剂在氮气氛中用铁粉将三氯化铁还原为氯化亚铁；然后蒸去 THF，加入环戊二烯和二乙胺与氯化亚铁反应生成二茂铁。反应方程式为

$$Fe + 2FeCl_3 \longrightarrow 3FeCl_2$$

$$FeCl_2 + 2C_5H_6 + 2(C_2H_5)_2NH \longrightarrow (C_5H_5)_2Fe + 2(C_2H_5)_2NH_2^+ \cdot Cl^-$$

反应完成后蒸除过量的环戊二烯和二乙胺，用升华法收集生成的二茂铁，称重并计算产率，通过测定熔点进行初步鉴定。

三、仪器和药品

1. 仪器

500 mL 控温电磁搅拌加热器 1 台，铁架台 2 个，铁夹 3 个，升降台 1 个，分析天平 1 台，显微熔点仪 1 台；玻璃仪器：100 ℃温度计 1 支，温度计套管（14 号口）1 个，分馏管（15 cm，19 号口）1 个，磨口三角瓶（100 mL，19 号口）1 个，三口圆底烧瓶（100 mL，19 号口）1 个，搅拌磁子 1 个，回流冷凝管（20 cm，19 号口）1 个，液封 1 个，空心塞（19 号口 2 个，14 号口 1 个），导气管（19 号口）2 个，蒸馏头（下口 19 号，上口 14 号）1 个，短颈漏斗（6 cm）1 个，蒸馏冷凝管（20 cm，19 号口）2 个，真空接引管（19 号口）2 个，单口圆底烧瓶（100 mL，19 号口）3 个，蒸发皿（12 cm）1 个，长颈漏斗 1 个，500 mL 烧杯 1 个，50 mL 量筒 1 个。

2. 药品

四氢呋喃（分析纯），无水 $FeCl_3$（化学纯），铁粉（化学纯），环戊二烯二聚体（分析纯），二乙胺（分析纯），甘油（分析纯），N_2(99%)。

四、实验内容

1. 环戊二烯单体的制备❶

市售环戊二烯为其二聚体，在使用前要通过蒸馏装置（图 3-13）解聚为单体。

取 40 mL 市售环戊二烯置于圆底烧瓶内，在电磁搅拌下加热到 160 ℃，收集 40~45 ℃馏分（约 25 mL）于三角瓶中备用。

2. $FeCl_2$ 的制备❷

在 100 mL 的三口圆底烧瓶中间口装回流冷凝管，冷凝管上端接液封，液封内装约 5 mL 甘油。三口烧瓶一侧口接氮气，另一侧口盖空心塞（图 3-14）。安装好后放入搅拌磁子通入氮气并缓缓加热，使系统干燥。待冷却到室温后加入 20 mL 四氢呋喃，一边搅拌一边分别加入 5.4 g 无水 $FeCl_3$ 和 0.9 g 铁粉，在 N_2 保护下（液封中有气泡缓慢冒出）搅拌加热回流 30 min。

3. 二茂铁的合成❸

将以上反应体系冷却到室温，开大 N_2 阀门，在 N_2 保护下拆下回流冷凝管，

---

❶ 装置必须清洁且充分干燥；分馏管可以用石棉绳或锡箔纸包裹保温，以提高蒸馏效率；收集的环戊二烯单体若不及时使用，需要密封避光且−18°C 下低温保存。

❷ 实验装置安装完成后，一定要仔细检查合理性，不能对密闭系统进行加热，以免发生危险。

❸ 减压蒸馏装置启用前，务必检查系统的密闭性。操作时，需严格遵循既定流程：首先开启真空泵，随后关闭氮气（N_2）阀门，待这两步完成后，再以缓慢的速率进行加热操作。减压蒸馏完成后，要先开氮气阀，再关真空泵。

装上减压蒸馏装置（蒸馏头、蒸馏冷凝管、真空接引管、100 mL 圆底烧瓶接收，如图 3-15 所示），打开真空泵，关闭 N_2，减压蒸去四氢呋喃。然后小心地打开 N_2 阀门，使体系充满 N_2，然后开大 N_2 阀门，关闭真空阀门（或真空泵），在 N_2 保护下拆下蒸馏装置，装上回流装置（图 3-14）。在搅拌下加入 9 mL 新蒸的环戊二烯和 20 mL 二乙胺，在室温下反应 1 h，然后换上减压蒸馏装置（图 3-15），减压蒸去过量的二乙胺。

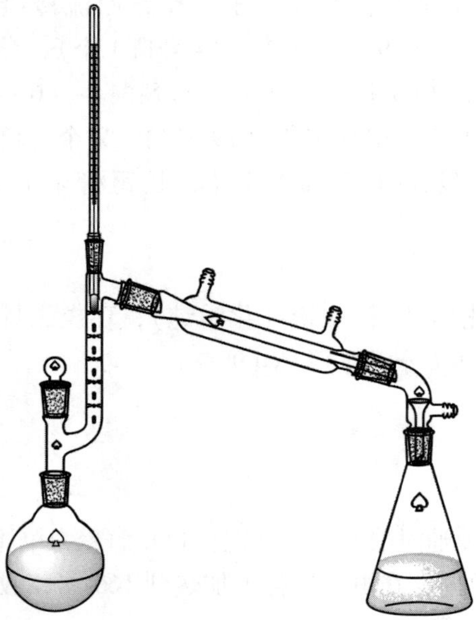

图 3-13　环戊二烯单体制备装置

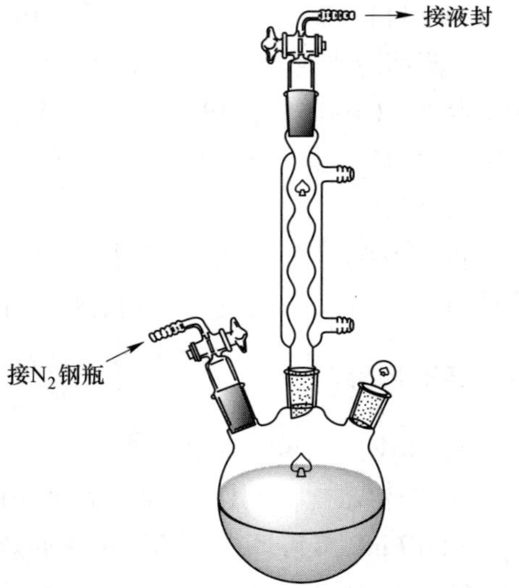

图 3-14　回流装置

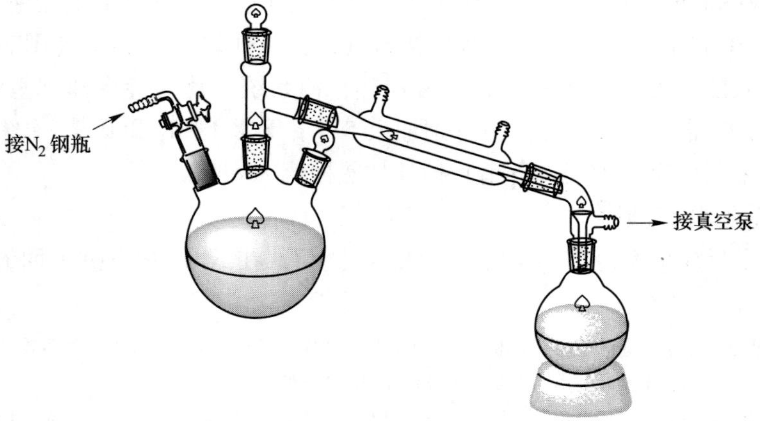

图 3-15　减压蒸馏装置

4. 升华法收集二茂铁❶

将固体产物转移到蒸发皿中，盖上长颈漏斗，在通风橱中用调压电热套缓慢加热（控制电压在约 50 V，温度在约 150 ℃），进行升华提纯（图 3-16），收集富集在漏斗内壁的橙黄色产物，称重并计算产率，用显微熔点仪测定产物的熔点。

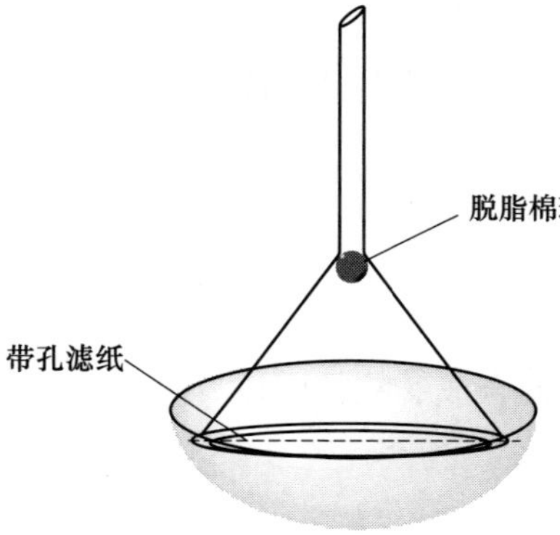

图 3-16　简易升华装置

五、思考题

1. 本实验为何要在无水、无氧条件下操作？
2. 试分析影响二茂铁产率的因素有哪些，如何提高其产率。

❶ 升华过程中温度不宜太高，控制在 150 ℃左右。

实验十八　金纳米粒子的合成

预习要求

（1）了解纳米粒子的特性及金纳米粒子的合成方法。

（2）了解控制纳米粒子粒径的实验方法。

（3）按要求完成预习报告。

一、实验目的

（1）了解纳米粒子的特性。

（2）学习金纳米粒子的合成、粒径调控方法。

二、实验原理

当一种材料粒子的尺寸达到纳米量级（1~100 nm）时，会展现出许多不同于块体材料的特殊的理化性质，这种现象被称为纳米效应。例如，金纳米粒子因粒径不同，会呈现红、蓝等颜色；当粒径减小至几纳米时，金粒子变为半导体，而银离子表现为近似绝缘体；化学惰性的 Pt、Au 等金属达到纳米尺度后，可作为活性极高的催化剂。

作为贵金属纳米材料的重要成员，金纳米粒子已成功应用于催化、光学、生物传感、药物分析等诸多领域。金纳米粒子的性能与其形状和尺寸密切相关，而不同的制备方法可以对金纳米粒子的形貌进行调控。本实验首先采用经典的金纳米粒子制备方法，即在沸腾条件下四氯金酸（$HAuCl_4$）和柠檬酸三钠（$Na_3C_6H_5O_7 \cdot 2H_2O$）发生氧化还原反应，合成粒径为 15 nm 左右的金纳米粒子，之后利用晶种生长法，以这种粒径的金纳米粒子作晶种，采用对苯二酚作还原剂，与 $HAuCl_4$ 进行晶种表面自催化反应，制备粒径约为 30 nm 的金纳米粒子。

在沸腾条件下，四氯金酸与过量的柠檬酸三钠反应，被还原为金单质，所形成的原子态金单质在溶液中聚集而形成金纳米粒子。当溶液中被还原的游离金原子消耗殆尽时，金纳米粒子生长到一定尺寸并停止生长。此时，金纳米粒子表面吸附大量的柠檬酸根阴离子，阻止了粒子的相互聚合，使其均匀、稳定地分散于水溶液中。在合成过程中，随着金纳米粒子的生长，溶液颜色发生一系列变化，最后呈现为酒红色，因而可以通过溶液的颜色变化来判定金纳米粒子的形成，由图 3-17a 可见，金纳米粒子大多呈球形，平均粒径为 15 nm。

在 0 ℃时，对苯二酚作为还原剂，与 $HAuCl_4$ 的氧化还原反应速度较慢，如果混合溶液中存在金纳米粒子作晶种，则会使反应仅在晶种表面进行，所有加入

的 Au^{3+}都用于晶种的生长，而没有新的金纳米粒子生成，这就是所谓的晶种表面自催化反应。通过这一反应，可以制备较大粒径的金纳米粒子。图 3-17b 是通过这种方法制备的金纳米粒子，平均粒径为 30 nm。

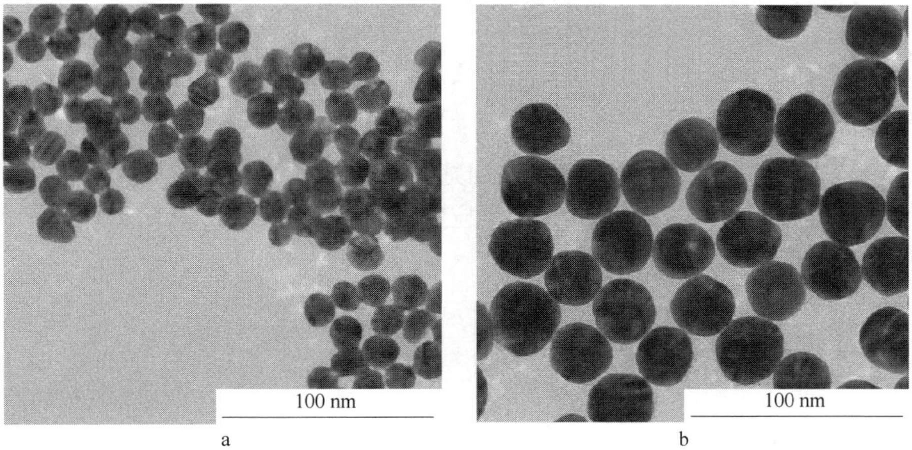

图 3-17 金纳米粒子的透射电镜照片
a—粒径约为 15 nm；b—粒径约为 30 nm

三、仪器与药品

加热磁力搅拌器，聚四氟乙烯搅拌子，50 mL 圆底烧瓶两个，50 mL 量筒，10 mL 量筒，5 mL 移液管，洗瓶，$HAuCl_4$ 溶液（0. 5 mmol/L），柠檬酸三钠溶液（0. 1 mol/L），对苯二酚溶液（2. 5 mmol/L）。

四、实验步骤

1. 晶种的制备

取 $HAuCl_4$ 溶液 50 mL（0. 5 mmol/L）置于 100 mL 三颈烧瓶中，在搅拌条件下，加热至沸腾，量取 2 mL 柠檬酸三钠溶液（0. 1 mol/L），一次性加入向沸腾的 $HAuCl_4$ 溶液中，继续加热反应 10 min。随着金纳米粒子的生成，溶液在 10 min 内逐渐变为酒红色。得到的金纳米粒子直径约为 15 nm。在此溶液中 $HAuCl_4$ 与柠檬酸三钠的浓度比例约为 1∶8。合成的金纳米粒子待冷却后，下一步实验作为晶种使用。

2. 晶种生长法制备粒径约 30 nm 的金纳米粒子

以 5 mL 移液管量取晶种溶液 2. 6 mL，加入 50 mL 圆底烧瓶中，将烧杯放置于冰水浴中，使溶液恒温在 0 ℃，在强烈搅拌下快速加入 17. 5 mL、同时置于冰水浴中恒温到 0 ℃的 $HAuCl_4$ 溶液（0. 5 mmol/L），继续搅拌 1 min 充分混匀后，迅速加入 3.5 mL、已恒温至 0 ℃的对苯二酚溶液（2.5 mmol/L），搅拌的条件下于 0 ℃继续反应 30 min。

3. 紫外-可见吸收光谱测量

用分光光度计测量上述两种粒径金纳米粒子溶液的吸收光谱，记录吸收峰位置。

五、思考题

（1）在本实验中，柠檬酸根的作用是什么？

（2）直接用对苯二酚与 $HAuCl_4$ 反应生成金纳米粒子有什么缺点？用什么方法可以克服这些缺点？

参 考 文 献

[1] 迪安 J A. 兰氏化学手册 [M]. 2 版. 魏俊发，等译. 北京：科学出版社，2003.
[2] 胡忠鲠，姜天水. 普通化学 [M]. 成都：四川科学技术出版社，1992.
[3] 胡忠鲠，金继红，张锦柱，等. 现代化学基础 [M]. 北京：高等教育出版社，2005.
[4] 江元生. 结构化学 [M]. 北京：高等教育出版社，1997.
[5] 彭崇慧. 定量化学分析简明教程 [M]. 北京：北京大学出版社，1985.
[6] 申泮文. 近代化学导论（上、下册）[M]. 北京：高等教育出版社，1999.
[7] 王明华，徐端钧，周永秋，等. 普通化学 [M]. 北京：高等教育出版社，2002.
[8] 张学铭，任仁，吕秀开，等. 普通化学 [M]. 北京：北京工业大学出版社，2001.
[9] 中华人民共和国国际标准局. 中华人民共和国国际标准，量和单位. GB 3100~3102—93 [S]. 北京：中国标准出版社，1994.
[10] Cotton F A, Wilkinson G. Advanced Inorganic Chemistry [M]. 3rd ed. New York：John Wiley and Sons Co.，Inc，1988.
[11] Lide D R. CRC Handbook of Chemistry and Physics [M]. 71st ed. New York：CRC Press Inc，1990-1991.
[12] Wagman D D，等. NBS 化学势性质表 [M]. 刘天和，赵梦月，译. 北京：中国标准出版社，1998.
[13] Weas R C. CRC Handbook of Chemistry and Physics [M]. 70th. ed. New York：CRC Press Inc，1989-1990.
[14] 张利平，姚群峰. 分光光度法分析水中铁的价态 [J]. 公共卫生与预防医学，2006（6）：65，67.
[15] 江淑芙，张书圣，于善霞. 有机酸对铁（Ⅲ)-邻菲啰啉体系光化学还原反应速率影响的研究 [J]. 青岛化工学院学报，1994（2）：127-132.
[16] 姚文锐，李真. 铁-邻菲啰啉体系中的化学振荡及铁（Ⅱ）测定的研究 [J]. 分析化学，1992（6）：684-687.
[17] 郭灿城，何兴涛，邹纲要. 合成四苯基卟啉及其衍生物的新方法 [J]. 有机化学，1991（4）：416-419.
[18] 赵梦月. 邻菲啰啉氯仿萃取铈盐滴定法测定铁的价态 [J]. 分析化学，1989（3）：251-253.
[19] 颜科，沙德仁，谭明霞. 铁（Ⅲ)-邻菲啰啉溶液体系的光化学还原在分析化学上的应用——分光光度-光化学还原测铁法 [J]. 分析化学，1987（11）：1019-1021.
[20] 中华人民共和国国家标准（GB 7477—87）.
[21] 王明文. 普通化学简明教程 [M]. 2 版. 北京：科学出版社，2019.
[22] 廖家耀. 普通化学实验 [M]. 2 版. 北京：科学出版社，2016.
[23] 姜文凤. 大学普通化学实验 [M]. 3 版. 北京：科学出版社，2022.
[24] 范立仁. 二茂铁的结构和性质 [J]. 化学通报，1990，4：41-45.
[25] 崔小明. 二茂铁的合成及应用 [J]. 化学工业与工程技术，2000，21：21-23.

附　　录

附表1　国际原子量表

序数	元素		相对原子质量	序数	元素		相对原子质量	序数	元素		相对原子质量
	名称	符号			名称	符号			名称	符号	
1	氢	H	1.0079	22	钛	Ti	47.90	43	锝	Tc	(98)
2	氦	He	4.002602(2)	23	钒	V	50.9415	44	钌	Rn	101.07(2)
3	锂	Li	6.941(2)	24	铬	Cr	51.9961(6)	45	铑	Rh	102.9055
4	铍	Be	9.01218	25	锰	Mn	54.9380	46	钯	Pd	106.4
5	硼	B	10.811(5)	26	铁	Fe	55.847	47	银	Ag	107.868
6	碳	C	12.011	27	钴	Co	58.9332	48	镉	Cd	112.41
7	氮	N	14.0067	28	镍	Ni	58.70	49	铟	In	114.710(7)
8	氧	O	15.9994	29	铜	Cu	63.546	50	锡	Sn	118.69
9	氟	F	18.998403	30	锌	Zn	65.39(2)	51	锑	Sb	121.75
10	氖	Ne	20.179	31	镓	Ga	69.723(4)	52	碲	Te	127.60
11	钠	Na	22.98977	32	锗	Ge	72.59	53	碘	I	126.9045
12	镁	Mg	24.305	33	砷	As	74.9216	54	氙	Xe	131.30
13	铝	Al	26.98154	34	硒	Se	78.96	55	铯	Cs	132.9054
14	硅	Si	28.0855	35	溴	Br	79.904	56	钡	Ba	137.33
15	磷	P	30.97376	36	氪	Kr	83.80	57	镧	La	138.9055
16	硫	S	32.066(6)	37	铷	Rb	85.4678	58	铈	Ce	140.12
17	氯	Cl	35.453	38	锶	Sr	87.62	59	镨	Pr	140.9077
18	氩	Ar	39.948	39	钇	Y	88.9059	60	钕	Nd	144.24
19	钾	K	39.0983	40	锆	Zr	91.224(2)	61	钷	Pm	(145)
20	钙	Ca	40.078(4)	41	铌	Nb	92.9064	62	钐	Sm	150.4
21	钪	Sc	44.9559(1)	42	钼	Mo	95.94	63	铕	Eu	151.96

续附表1

序数	元素		相对原子质量	序数	元素		相对原子质量	序数	元素		相对原子质量
	名称	符号			名称	符号			名称	符号	
64	钆	Gd	157.25	81	铊	Tl	204.37	98	锎	Cf	(252.1)
65	铽	Tb	158.9254	82	铅	Pb	207.2	99	锿	Es	(254)
66	镝	Dy	162.50	83	铋	Bi	208.9804	100	镄	Fm	(257)
67	钬	Ho	164.9304	84	钋	Po	(209)	101	钔	Md	(258)
68	铒	Er	167.26	85	砹	At	(210)	102	锘	No	(259)
69	铥	Tm	168.9342	86	氡	Rn	(222)	103	铹	Lr	(260)
70	镱	Yb	173.04	87	钫	Fr	(223)	104	铲	Rf	(261)
71	镥	Lu	174.967 ±0.003	88	镭	Ra	226.0254	105	钍	Db	(262)
72	铪	Hf	178.49	89	锕	Ac	227.028	106	镆	Sg	
73	钽	Ta	180.9479	90	钍	Th	232.0381	107	铍	Bh	
74	钨	W	183.85	91	镤	Pa	231.0359	108	镙	Hs	
75	铼	Re	186.2	92	铀	U	238.09	109	铐	Mt	
76	锇	Os	190.2	93	镎	Np	237.0482	110	钛	Ds	
77	铱	Ir	192.22	94	钚	Pu	(239.1)	111	轮	Rg	
78	铂	Pt	195.09	95	镅	Am	(243)	112	镉	Cn	
79	金	Au	196.9665	96	锔	Cm	(247)				
80	汞	Hg	200.59	97	锫	Bk	(247)				

附表 2　常用化合物的摩尔质量

(g/mol)

化合物	摩尔质量	化合物	摩尔质量	化合物	摩尔质量
$AgBr$	187.78	$Fe_2(SO_4)_3$	399.87	$K_3Fe(CN)_6$	329.26
$AgCl$	143.32	$FeSO_4(NH_4)_2SO_4\cdot 2H_2O$	392.14	$MgCl_2\cdot 6H_2O$	203.23
AgI	234.77	$NH_4Fe(SO_4)_2\cdot 12H_2O$	482.19	$MgCO_3$	84.32
$AgCN$	133.84	$HCHO$	30.03	MgO	40.31
$AgNO_3$	169.87	$HCOOH$	46.03	$MgNH_4PO_4$	137.33
Al_2O_3	101.96	$H_2C_2O_4$	90.04	$Mg_2P_2O_7$	222.56
$Al_2(SO_4)_3$	342.15	HCl	36.46	MnO_2	86.94
As_2O_3	197.84	$HClO$	100.46	$Na_2B_4O_7\cdot 10H_2O$	381.37
$BaCl_2$	208.25	HNO_2	47.01	$NaBr$	102.90
$BaCl_2\cdot 2H_2O$	244.28	HNO_3	63.01	Na_2CO_3	105.99
$BaCO_3$	197.35	H_2O	18.02	$Na_2C_2O_4$	134.00
BaO	153.34	H_2O_2	34.02	$NaCl$	58.44
$Ba(OH)_2$	171.36	H_3PO_4	98.00	$NaCN$	49.01
$BaSO_4$	233.40	H_2S	34.08	$Na_2C_{10}H_{14}O_8N_2\cdot 2H_2O$	372.09
$CaCO_3$	100.09	HF	20.01	Na_2O	61.98
CaC_2O_4	128.10	HCN	27.03	$NaOH$	40.01
CaO	56.08	H_2SO_4	93.08	Na_2SO_4	142.04
$Ca(OH)_2$	74.09	$HgCl_2$	271.50	$Na_2S_2O_3\cdot 5H_2O$	248.18
$CaSO_4$	136.14	KBr	119.01	Na_2SiF_6	188.06
$Ce(SO_4)_2$	333.25	$KBrO_3$	167.01	Na_2S	78.04
$Ce(SO_4)_2\cdot 2(NH_4)_2SO_4\cdot 2H_2O$	632.56	KCl	74.56	Na_2SO_3	126.04
CO_2	44.01	K_2CO_3	138.21	NH_4Cl	53.49
CH_3COOH	60.05	KCN	65.12	NH_3	17.03
$C_6H_3O_7\cdot H_2O$(柠檬酸)	210.14	K_2CrO_4	194.20	$NH_3\cdot H_2O$	35.05
$C_4H_8O_6$(酒石酸)	150.09	$K_2Cr_2O_7$	294.19	$(NH_4)_2SO_4$	132.14
CH_3COCH_3	58.08	$KHC_8H_4O_4$	204.23	P_2O_5	141.95
C_6H_5OH	94.11	KI	166.01	PbO_2	239.19
$C_2H_2(COOH)_2$(丁烯二酸)	116.07	K_2IO_3	214.00	$PbCrO_4$	323.18
CuO	79.54	$KMnO_4$	158.04	SiF_4	104.08
$CuSO_4$	159.60	K_2O	94.20	SiO_2	60.08
$CuSO_4\cdot 5H_2O$	249.68	KOH	56.11	SO_2	64.06
$CuSCN$	121.62	$KSCN$	97.18	SO_3	80.06
FeO	71.85	K_2SO_4	174.26	$SnCl_2$	189.60
Fe_2O_3	159.69	$KAl(SO_4)_2\cdot 12H_2O$	474.39	TiO_2	79.90
Fe_3O_4	231.54	KNO_2	85.10	ZnO	81.37
$FeSO_4\cdot 7H_2O$	278.02	$K_4Fe(CN)_6$	368.36	$ZnSO_4\cdot 7H_2O$	287.54

附表 3　常用酸、碱的质量分数①和相对密度

质量分数/%	相对密度						
	HCl	HNO_3	H_2SO_4	CH_3COOH	NaOH	KOH	NH_3
4	1.0197	1.0220	1.0269	1.0056	1.0446	1.0348	0.9828
8	1.0395	1.0446	1.0541	1.0111	1.0888	1.0709	0.9668
12	1.0594	1.0679	1.0821	1.0165	1.1329	1.1079	0.9519
16	1.0796	1.0921	1.1114	1.0218	1.1771	1.1456	0.9378
20	1.1000	1.1170	1.1418	1.0269	1.2214	1.1839	0.9245
24	1.1205	1.1426	1.1735	1.0318	1.2653	1.2231	0.9118
28	1.1411	1.1688	1.2052	1.0365	1.3087	1.2632	0.8996
32	1.1614	1.1955	1.2375	1.0410	1.3512	1.3043	
36	1.1812	1.2224	1.2707	1.0452	1.3926	1.3468	
40	1.1999	1.2489	1.3051	1.0492	1.4324	1.3906	
44			1.3410	1.0529		1.4356	
48			1.3783	1.0564		1.4817	
52			1.4174	1.0596			
56			1.4584	1.0624			
60			1.5013	1.0648			
64			1.5448	1.0668			
68			1.5902	1.0687			
72			1.6367	1.0695			
76			1.6840	1.0699			
80			1.7303	1.0699			
84			1.7724	1.0692			
88			1.8054	1.0677			
92			1.8272	1.0648			
96			1.8388	1.0597			
100			1.8337	1.0496			

注：摘自 R. C. Weast，*HANDBOOK OF CHEMISTRY AND PHYSICS*，70th. edition，D-222，1989—1990。

①旧称百分浓度。

附表 4　常用酸、碱的浓度

酸 或 碱	化 学 式	密度/$g \cdot cm^{-3}$	质量分数/%	浓度/$mol \cdot L^{-1}$
冰醋酸	CH_3COOH	1. 05	99~99. 8	17. 4
稀醋酸		1. 04	34	6
浓盐酸	HCl	1. 18~1. 19	36. 0~38	11. 6~12. 4
稀盐酸		1. 10	20	6
浓硝酸	HNO_3	1. 39~1. 40	65. 0~68. 0	14. 4~15. 2
稀硝酸		1. 19	32	6
浓硫酸	H_2SO_4	1. 83~1. 84	95~98	17. 8~18. 4
稀硫酸		1. 18	25	3
磷酸	H_3PO_4	1. 69	85	14. 6
高氯酸	$HClO_4$	1. 68	70. 0~72. 0	11. 7~12. 0
氢氟酸	HF	1. 13	40	22. 5
氢溴酸	HBr	1. 49	47. 0	8. 6
浓氨水	$NH_3 \cdot H_2O$	0. 88~0. 90	25~28(NH_3)	13. 3~14. 8
稀氨水		0. 96	10	6
稀氢氧化钠	$NaOH$	1. 22	20	6

附表 5　常用指示剂

附表 5-1　酸碱指示剂（291~298 K）

指示剂名称	变色 pH 值范围	颜色变化	溶液配制方法
甲基紫（第一变色范围）	0.13~0.5	黄~绿	0.1%或0.05%的水溶液
苦味酸	0.0~1.3	无色~黄	0.1%水溶液
甲基绿	0.1~2.0	黄~绿~浅蓝	0.05%水溶液
孔雀绿（第一变色范围）	0.13~2.0	黄~浅蓝~绿	0.1%水溶液
甲酚红（第一变色范围）	0.2~1.8	红~黄	0.04 g 指示剂溶于 100 mL 50%乙醇中
甲基紫（第二变色范围）	1.0~1.5	绿~黄	0.1%水溶液
百里酚蓝（麝香草酚蓝）（第一变色范围）	1.2~2.8	红~黄	0.1 g 指示剂溶于 100 mL 20%乙醇中
甲基紫（第三变色范围）	2.0~3.0	蓝~紫	0.1%水溶液
茜素黄 R（第一变色范围）	1.9~3.3	红~黄	0.1%水溶液
二甲基黄	2.9~4.0	红~黄	0.1 g 指示剂溶于 100 mL 90%乙醇中
甲基橙	3.1~4.4	红~橙黄	0.1%水溶液
溴酚蓝	3.0~4.6	黄~蓝	0.1 g 指示剂溶于 100 mL 20%乙醇中
刚果红	3.0~5.2	蓝紫~红	0.1%水溶液
茜素红 S（第一变色范围）	3.7~5.2	黄~紫	0.1%水溶液
溴甲酚绿	3.8~5.4	黄~蓝	0.1 g 指示剂溶于 100 mL 20%乙醇中
甲基红	4.4~6.2	红~黄	0.1 g 或 0.2 g 指示剂溶于 100 mL 60%乙醇中
溴酚红	5.0~6.8	黄~红	0.1 g 溶于 100 mL 20%乙醇中
溴甲酚紫	5.2~6.8	黄~紫红	0.1 g 指示剂溶于 100 mL 20%乙醇中
溴百里酚蓝	6.0~7.6	黄~蓝	0.05 g 指示剂溶于 100 mL 20%乙醇中
中性红	6.8~8.0	红~亮黄	0.1 g 指示剂溶于 100 mL 60%乙醇中
酚红	6.8~8.0	黄~红	0.1 g 指示剂溶于 100 mL 20%乙醇中
甲酚红	7.2~8.8	亮黄~紫红	0.1 g 指示剂溶于 100 mL 50%乙醇中
百里酚蓝（麝香草酚蓝）（第二变色范围）	8.0~9.0	黄~蓝	参看第一变色范围
酚酞	8.2~10.0	无色~紫红	（1）0.1 g 指示剂溶于 100 mL 60%乙醇中； （2）1 g 酚酞溶于 100 mL 90%乙醇中
百里酚酞	9.4~10.6	无色~黄	0.1 g 指示剂溶于 100 mL 90%乙醇中
茜素红 S（第二变色范围）	10.0~12.0	紫~淡黄	参看第一变色范围
茜素黄 R（第二变色范围）	10.1~12.1	黄~淡紫	0.1%水溶液
孔雀绿（第二变色范围）	11.5~13.2	蓝绿~无色	参看第一变色范围
达旦黄	12.0~13.0	黄~红	0.1%水溶液

附表 5-2 混合酸碱指示剂

指示剂溶液的组成	变色点pH值	颜色		备注
		酸色	碱色	
一份0.1%甲基黄乙醇溶液 一份0.1%次甲基蓝乙醇溶液	3.25	蓝紫	绿	pH3.2蓝紫色 pH3.4绿色
四份0.2%溴甲酚绿乙醇溶液 一份0.2%二甲基黄乙醇溶液	3.9	橙	绿	变色点黄色
一份0.2%甲基橙溶液 一份0.28%靛蓝（二磺酸）乙醇溶液	4.1	紫	黄绿	调节两者的比例，直至终点敏锐
一份0.1%溴百里酚绿钠盐水溶液 一份0.2%甲基橙水溶液	4.3	黄	黄绿	pH3.5黄色 pH4.0黄绿色 pH4.3绿色
三份0.1%溴百里酚绿乙醇溶液 一份0.2%甲基红乙醇溶液	5.1	酒红	绿	
一份0.2%甲基红乙醇溶液 一份0.1%次甲基蓝乙醇溶液	5.4	红紫	绿	pH5.2红紫 pH5.4暗蓝 pH5.6绿
一份0.1%溴甲酚绿钠盐水溶液 一份0.1%绿酚蓝钠盐水溶液	6.1	黄绿	蓝紫	pH5.4蓝绿 pH5.8蓝 pH6.2蓝紫
一份0.1%溴甲酚紫钠盐水溶液 一份0.1%溴百里酚蓝钠盐水溶液	6.7	黄	蓝紫	pH6.2黄紫 pH6.6紫 pH6.8蓝紫
一份0.1%中性红乙醇溶液 一份0.1%次甲基蓝乙醇溶液	7.0	蓝紫	绿	pH7.0蓝紫
一份0.1%溴百里酚蓝钠盐水溶液 一份0.1%酚红钠盐水溶液	7.5	黄	紫	pH7.2暗绿 pH7.4淡紫 pH7.6深紫
一份0.1%甲酚红50%乙醇溶液 六份0.1%百里酚蓝50%乙醇溶液	8.3	黄	紫	pH8.2玫瑰色 pH8.4紫色 变色点微红色

附表 5-3　金属离子指示剂

指示剂名称	溶液配制方法
铬黑 T(EBT)	（1）0.5%水溶液； （2）与 NaCl 按 1∶100（质量比）混合
二甲酚橙（XO）	0.2%水溶液
K-B 指示剂	0.2 g 酸性铬蓝 K 与 0.34 g 萘酚绿 B 溶于 100 mL 水中。配制后调节 K-B 的比例，使终点变化明显
钙指示剂	0.5%的乙醇溶液
吡啶偶氮萘酚	0.1%或 0.3%的乙醇溶液
Cu-PAN(Cu-PAN 溶液)	取 0.05 mol/L Cu^{2+}液 10 mL，加 pH 值为 5~6 的 HAc 缓冲溶液 5 mL，1 滴 PAN 指示剂，加热至 60 ℃左右，用 DETA 滴至绿色，得到约 0.025 mol/L 的 CuY 溶液，使用时取 2~3 mL 于试液中，再加数滴 PAN 溶液
磺基水杨酸	1%或 10%水溶液
钙镁试剂	0.5%水溶液
紫尿酸铵	与 NaCl 按 1∶100 质量比混合

附表 5-4　氧化剂还原指示剂

指示剂名称	$E^{\ominus}$/V $[H^+]$=1 mol/L	颜色变化		溶液配制方法
		氧化态	还原态	
中性红	0.24	红	无色	0.05%的 60%乙醇溶液
亚甲基蓝	0.36	蓝	无色	0.05%水溶液
变胺蓝	0.59(pH=2)	无色	蓝色	0.05%水溶液
二苯胺	0.76	紫	无色	1%的浓 H_2SO_4
二苯胺磺酸钠	0.85	紫红	无色	0.5%的水溶液如溶液混浊，可滴加少量盐酸
N-邻苯氨基苯甲酸	1.08	紫红	无色	0.1 g 指示剂加 20 mL 5%的 Na_2CO_3 溶液，用水稀至 100 mL
邻二氮菲-Fe(Ⅱ)	1.06	浅蓝	红	1.485 g 邻二氮菲加 0.965 g $FeSO_4$，溶于 100 mL 水中（0.025 mol/L 水溶液）
5-硝基邻二氮菲-Fe(Ⅱ)	1.25	浅蓝	紫红	1.608 g 5-硝基邻二氮菲加 0.695 g $FeSO_4$，溶于 100 mL 水中（0.025 mol/L 水溶液）

附表 5-5　沉淀滴定吸附指示剂

指 示 剂	被测离子	滴定剂	滴定条件	溶液配制方法
荧光黄	Cl^-	Ag^+	pH7~10(一般 7~8)	0.2%乙醇溶液
二氯荧光黄	Cl^-	Ag^+	pH4~10(一般 5~8)	0.1%水溶液
曙红	Br^-，I^-，SCN^-	Ag^+	pH2~10(一般 3~8)	0.5%水溶液
溴甲酚绿	SCN^-	Ag^+	pH4~5	0.1%水溶液
甲基紫	Ag^+	Cl^-	酸性溶液	0.1%水溶液
罗丹明 6G	Ag^+	Br^-	酸性溶液	0.1%水溶液
钍试剂	SO_4^{2-}	Ba^{2+}	pH1.5~3.5	0.5%水溶液
溴酚蓝	Hg^{2+}	Cl^-，Br^-	酸性溶液	0.1%水溶液

附表 6　常用缓冲溶液

pH 值	配制方法
0	1 mol/L HCl 溶液
1	0. 1 mol/L HCl 溶液
2	0. 01 mol/L HCl 溶液
3. 6	$NaAc \cdot 3H_2O$ 8 g，溶于适量水中，加 6 mol/L HAc 溶液 134 mL，稀释至 500 mL
4. 0	将 60 mL 冰醋酸和 16 g 无水醋酸钠溶于 100 mL 水中，稀释至 500 mL
4. 5	将 30 mL 冰醋酸和 30 g 无水醋酸钠溶于 100 mL 水中，稀释至 500 mL
5. 0	将 30 mL 冰醋酸和 60 g 无水醋酸钠溶于 100 mL 水中，稀释至 500 mL
5. 4	将 40 g 六次甲基四胺溶于 90 mL 水中，加入 20 mL 6 mol/L HCl 溶液
5. 7	100 g $NaAc \cdot 3H_2O$，溶于适量水中，加 6 mol/L HAc 溶液 13 mL，稀释至 500 mL
7	NH_4Ac 77 g 溶于适量的水中，稀释至 500 mL
7. 5	NH_4Cl 66 g 溶于适量的水中，加浓氨水 1. 4 mL，稀释至 500 mL
8. 0	NH_4Cl 50 g 溶于适量的水中，加浓氨水 3. 5 mL，稀释至 500 mL
8. 5	NH_4Cl 40 g 溶于适量的水中，加浓氨水 8. 8 mL，稀释至 500 mL
9. 0	NH_4Cl 35 g 溶于适量的水中，加浓氨水 24 mL，稀释至 500 mL
9. 5	NH_4Cl 30 g 溶于适量的水中，加浓氨水 65 mL，稀释至 500 mL
10	NH_4Cl 27 g 溶于适量的水中，加浓氨水 175 mL，稀释至 500 mL
11	NH_4Cl 3 g 溶于适量的水中，加浓氨水 207 mL，稀释至 500 mL
12	0. 01 mol/L NaOH 溶液
13	0. 1 mol/L NaOH 溶液

附表 7　常用基准物质及其干燥条件

基　准　物	干燥后的组成	干燥温度及时间
$NaHCO_3$	Na_2CO_3	260~270 ℃干燥至恒重
$Na_2B_4O_7 \cdot 10H_2O$	$Na_2B_4O_7 \cdot 10H_2O$	NaCl 蔗糖饱和溶液干燥器中室温保存
$KHC_6H_4(COO)_2$	$KHC_6H_4(COO)_2$	105~110 ℃干燥
$Na_2C_2O_4$	$Na_2C_2O_4$	105~110 ℃干燥 2 h
$K_2Cr_2O_7$	$K_2Cr_2O_7$	130~140 ℃加热 0.5~1 h
$KBrO_3$	$KBrO_3$	120 ℃干燥 1~2 h
KIO_3	KIO_3	105~120 ℃干燥
As_2O_3	As_2O_3	硫酸干燥器中干燥至恒重
$(NH_4)_2Fe(SO_4)_2 \cdot 6H_2O$	$(NH_4)_2Fe(SO_4)_2 \cdot 6H_2O$	室温空气干燥
NaCl	NaCl	250~850 ℃干燥 1~2 h
$AgNO_3$	$AgNO_3$	120 ℃干燥 2 h
$CuSO_4 \cdot 5H_2O$	$CuSO_4 \cdot 5H_2O$	室温空气干燥
$KHSO_4$	K_2SO_4	750 ℃以上灼烧
ZnO	ZnO	约 800 ℃灼烧至恒重
无水 Na_2CO_3	Na_2CO_3	260~270 ℃加热 0.5 h
$CaCO_3$	$CaCO_3$	105~110 ℃干燥

附表 8　酸碱的解离常数（298 K）

物　　质	级	pK_i
砷酸（H_3AsO_4）	1	2.223
	2	6.760
	3	(11.29)
亚砷酸（$HAsO_2$）		9.28
正硼酸（H_3BO_3）		9.236
碳酸（H_2CO_3）	1	6.352
	2	10.329
氢氰酸（HCN）		9.21
氢氟酸（HF）		3.20
高氯酸（$HClO_4$）		-1.6
亚氯酸（$HClO_2$）		1.94
次氯酸（HClO）		7.534
次溴酸（HBrO）		8.55
次碘酸（HIO）		10.5
碘酸（HIO_3）		0.804
高碘酸（HIO_4）		1.64
双氧水（H_2O_2）		11.64
硫酸（H_2SO_4）		1.99(pK_2)
亚硫酸（H_2SO_3）	1	1.89
	2	7.205
硒酸（H_2SeO_4）		1.66（pK_2）
铬酸（H_2CrO_4）	1	0.74
	2	6.488
亚硝酸（HNO_2）		3.14
氢硫酸（H_2S）	1	6.97
	2	12.90
磷酸（H_3PO_4）	1	2.148
	2	7.198
	3	12.32
亚磷酸（H_2PHO_3）	1	1.43
	2	6.68

续附表 8

物　质	级	pK_i
焦磷酸（$H_4P_2O_7$）	1	0.91
	2	2.10
	3	6.70
	4	9.35
正硅酸（H_4SiO_4）	1	9.60
	2	11.8
	3	(12)
醋酸（HAc）		4.75
甲酸（HCOOH）		3.75
硫氰酸（HSCN）		-1.8
氨水（$NH_3 \cdot H_2O$）		(4.75)
联氨（N_2H_4）		6.05
羟氨（NH_2OH）		8.04
甲胺（CH_3NH_2）		3.37
苯胺（$C_6H_5NH_2$）		9.40
六次甲基四胺（$(CH_2)_6N_4$）		8.87

附表 9　溶度积常数（298 K）

难溶电解质	K_{sp}	难溶电解质	K_{sp}
AgCl	1.77×10^{-10}	β-CoS	2.0×10^{-25}
AgBr	5.35×10^{-13}	Cu(OH)	1×10^{-14}
AgI	8.52×10^{-17}	$Cu(OH)_2$	2.2×10^{-20}
AgOH	2.0×10^{-8}	CuCl	1.72×10^{-7}
Ag_2SO_4	1.20×10^{-5}	CuBr	6.27×10^{-9}
Ag_2SO_3	1.50×10^{-14}	CuI	1.27×10^{-12}
Ag_2S	6.3×10^{-50}	Cu_2S	2.5×10^{-48}
Ag_2CO_3	8.46×10^{-12}	CuS	6.3×10^{-36}
$Ag_2C_2O_4$	5.40×10^{-12}	$CuCO_3$	1.4×10^{-10}
Ag_2CrO_4	1.12×10^{-12}	$Fe(OH)_2$	4.87×10^{-17}
$Ag_2Cr_2O_7$	2.0×10^{-7}	$Fe(OH)_3$	2.79×10^{-39}
Ag_3PO_4	8.89×10^{-17}	$FeCO_3$	3.13×10^{-11}
$Al(OH)_3$	1.3×10^{-33}	FeS	6.3×10^{-18}
Bi_2S_3	1×10^{-97}	$Hg(OH)_2$	3.0×10^{-26}
$CaSO_4$	4.93×10^{-5}	Hg_2Cl_2	1.43×10^{-18}
$CaSO_3\cdot\frac{1}{2}H_2O$	3.1×10^{-7}	Hg_2Br_2	6.4×10^{-23}
		Hg_2I_2	5.2×10^{-29}
$CaCO_3$	2.8×10^{-9}	Hg_2CO_3	3.6×10^{-17}
$Ca(OH)_2$	5.5×10^{-6}	$HgBr_2$	6.2×10^{-20}
CaF_2	5.2×10^{-9}	HgI_2	2.8×10^{-29}
$CaC_2O_4\cdot H_2O$	2.32×10^{-9}	As_2S_3	2.1×10^{-22}
$Ca_3(PO_4)_2$	2.07×10^{-29}	BaF_2	1.84×10^{-7}
$Cd(OH)_2$	7.2×10^{-15}	$Ba(OH)_2\cdot8H_2O$	2.55×10^{-4}
CdS	8.0×10^{-27}	$BaSO_4$	1.08×10^{-10}
$Cr(OH)_3$	6.3×10^{-31}	$BaSO_3$	5.0×10^{-10}
$Co(OH)_2$	5.92×10^{-15}	$BaCO_3$	2.58×10^{-9}
$Co(OH)_3$	1.6×10^{-44}	BaC_2O_4	1.6×10^{-7}
$CoCO_3$	1.4×10^{-13}	$BaCrO_4$	1.17×10^{-10}
α-CoS	4.0×10^{-21}	$Ba_3(PO_4)_2$	3.4×10^{-23}

续附表 9

难溶电解质	K_{sp}	难溶电解质	K_{sp}
$Be(OH)_2$	6.92×10^{-22}	$PbCl_2$	1.70×10^{-5}
$Bi(OH)_3$	6.0×10^{-31}	$PbBr_2$	6.60×10^{-6}
BiOCl	1.8×10^{-31}	PbI_2	9.8×10^{-9}
$BiO(NO_3)$	2.82×10^{-3}	$PbSO_4$	2.53×10^{-8}
Hg_2S	1.0×10^{-47}	$PbCO_3$	7.4×10^{-14}
HgS(红)	4×10^{-53}	$PbCrO_4$	2.8×10^{-13}
HgS(黑)	1.6×10^{-52}	PbS	8.0×10^{-28}
$K_2[PtCl_6]$	7.4×10^{-6}	$Sn(OH)_2$	5.45×10^{-28}
$Mg(OH)_2$	5.61×10^{-12}	$Sn(OH)_4$	1.0×10^{-56}
$MgCO_3$	6.82×10^{-6}	SnS	1.0×10^{-25}
$Mn(OH)_2$	1.9×10^{-13}	$SrCO_3$	5.60×10^{-10}
MnS(无定形)	2.5×10^{-10}	$SrCrO_4$	2.2×10^{-5}
MnS(结晶)	2.5×10^{-13}	$Zn(OH)_2$	3.0×10^{-17}
$MnCO_3$	2.34×10^{-11}	$ZnCO_3$	1.46×10^{-10}
$Ni(OH)_2$(新析出)	5.5×10^{-16}	α-ZnS	1.6×10^{-24}
$NiCO_3$	1.42×10^{-7}	β-ZnS	2.5×10^{-22}
α-NiS	3.2×10^{-19}	$CsClO_4$	3.95×10^{-3}
$Pb(OH)_2$	1.43×10^{-15}	$Au(OH)_3$	5.5×10^{-46}
$Pb(OH)_4$	3.2×10^{-19}	$La(OH)_3$	2.0×10^{-19}
PbF_2	3.3×10^{-8}	LiF	1.84×10^{-3}

附表 10　配离子的稳定常数

配 离 子	稳定常数 β	$\lg\beta$
$[Ag(NH_3)_2]^+$	1.11×10^{7}	7.05
$[Cd(NH_3)_4]^{2+}$	1.32×10^{7}	7.12
$[Co(NH_3)_6]^{2+}$	1.29×10^{5}	5.11
$[Co(NH_3)_6]^{3+}$	1.59×10^{35}	35.2
$[Cu(NH_3)_4]^{2+}$	2.09×10^{13}	13.32
$[Ni(NH_3)_6]^{2+}$	5.50×10^{8}	8.74
$[Zn(NH_3)_4]^+$	2.88×10^{9}	9.46
$[AlF_6]^{3-}$	6.92×10^{19}	19.84
$[FeF_5]^{2-}$	5.89×10^{15}	15.77
$[SnF_6]^{2-}$	1×10^{25}	25
$[AgCl_2]^-$	1.10×10^{5}	5.04
$[CdCl_4]^{2-}$	6.31×10^{2}	2.80
$[HgCl_4]^{2-}$	1.17×10^{15}	15.07
$[PbCl_3]^-$	1.70×10^{3}	3.23
$[AgBr_2]^-$	2.14×10^{7}	7.33
$[CdI_4]^{2-}$	2.57×10^{5}	5.41
$[HgI_4]^{2-}$	6.76×10^{29}	29.83
$[Ag(CN)_2]^-$	1.26×10^{21}	21.10
$[Au(CN)_2]^-$	2.00×10^{38}	38.30
$[Cd(CN)_4]^{2-}$	6.03×10^{18}	18.78
$[Cu(CN)_4]^{2-}$	2.00×10^{30}	30.30
$[Fe(CN)_6]^{4-}$	1.00×10^{35}	35
$[Fe(CN)_6]^{3-}$	1.00×10^{42}	42
$[Hg(CN)_4]^{2-}$	2.51×10^{41}	41.4
$[Ni(CN)_4]^{2-}$	2.00×10^{31}	31.3
$[Zn(CN)_4]^{2-}$	5.01×10^{16}	16.7
$[Ag(SCN)_2]^-$	3.72×10^{7}	7.57
$[Co(SCN)_4]^{2-}$	1.00×10^{3}	3.00
$[Fe(SCN)_2]^{2+}$	$\beta_1=8.91\times10^{2}$	2.95
	$\beta_2=2.29\times10^{3}$	3.36
$[Hg(SCN)_4]^{2-}$	1.70×10^{21}	21.23
$[Zn(SCN)_4]^{2-}$	41.7	1.62
$[FeHPO_4]^+$	2.24×10^{9}	9.35
$[Zn(OH)_4]^{2-}$	4.57×10^{17}	17.66
$[Ag(S_2O_3)_2]^{3-}$	$\beta_1=6.61\times10^{8}$	8.82
	$\beta_2=3.16\times10^{13}$	13.5

配 离 子	稳定常数 β	$\lg\beta$
$[Ag(Ac)_2]^-$	4.37	0.64
$[Cu(Ac)_4]^{2-}$	1.54×10^{3}	3.20
$[Pb(Ac)_4]^{2-}$	3.16×10^{8}	8.50
$[Al(C_2O_4)_3]^{3-}$	2.00×10^{16}	16.30
$[Cu(C_2O_4)_2]^{2-}$	7.9×10^{8}	8.9
$[Fe(C_2O_4)_3]^{3-}$	1.58×10^{20}	20.20
$[Zn(C_2O_4)_3]^{4-}$	1.41×10^{8}	8.15
$[Fe(C_2O_4)_3]^{4-}$	1.66×10^{5}	5.22
$[Cd(en)_3]^{2+}$	1.23×10^{12}	12.09
$[Co(en)_3]^{2+}$	8.71×10^{13}	13.94
$[Co(en)_3]^{2+}$	4.90×10^{48}	48.69
$[Fe(en)_3]^{2+}$	5.01×10^{9}	9.70
$[Ni(en)_3]^{2+}$	2.14×10^{18}	18.33
$[Zn(en)_3]^{2+}$	1.29×10^{14}	14.11
$[Aledta]^-$	1.29×10^{16}	16.11
$[Baedta]^{2-}$	6.03×10^{7}	7.78
$[Caedta]^{2-}$	1.00×10^{11}	11.00
$[Cdedta]^{2-}$	2.51×10^{16}	16.40
$[Coedta]^-$	1.00×10^{36}	36
$[Cuedta]^{2-}$	5.01×10^{18}	18.70
$[Feedta]^{2-}$	2.14×10^{14}	14.33
$[Feedta]^-$	1.70×10^{24}	24.23
$[Hgedta]^{2-}$	6.31×10^{21}	21.80
$[Mgedta]^{2-}$	4.37×10^{8}	8.64
$[Mnedta]^{2-}$	6.31×10^{17}	13.80
$[Niedta]^{2-}$	3.63×10^{18}	18.56
$[Pbedta]^{2-}$	2.00×10^{18}	18.30
$[Znedta]^{2-}$	2.51×10^{16}	16.40
$[Snedta]^{2-}$	1.26×10^{22}	22.1
$[FeR_3]^{6-}$	$\beta_1=4.37\times10^{14}$	14.64
	$\beta_2=1.51\times10^{25}$	25.18
	$\beta_3=1.32\times10^{32}$	32.12
$[Fe(tart)_3]^{3-}$	3.09×10^{7}	7.49
$[Cu(thio)_3]^+$	1.00×10^{13}	13
$[Cu(thio)_4]^+$	2.51×10^{15}	15.4

注：温度 293~298 K，离子强度 $I\approx0$。

附表 11 标准电极电势

附表 11-1 在酸性溶液中（298 K）

电 对	方 程 式	$E^{\ominus}$/V
Li(Ⅰ) - (0)	$Li^{+} + e^{-} = Li$	-3.0401
Ca(Ⅰ) - (0)	$Ca^{+} + e^{-} = Ca$	-3.026
Rb(Ⅰ) - (0)	$Rb^{+} + e^{-} = Rb$	-2.98
K(Ⅰ) - (0)	$K^{+} + e^{-} = K$	-2.931
Ba(Ⅱ) - (0)	$Ba^{2+} + 2e^{-} = Ba$	-2.912
Sr(Ⅱ) - (0)	$Sr^{2+} + 2e^{-} = Sr$	-2.89
Ca(Ⅱ) - (0)	$Ca^{2+} + 2e^{-} = Ca$	-2.868
Na(Ⅰ) - (0)	$Na^{+} + e^{-} = Na$	-2.71
La(Ⅲ) - (0)	$La^{3+} + 3e^{-} = La$	-2.379
Mg(Ⅱ) - (0)	$Mg^{2+} + 2e^{-} = Mg$	-2.372
Ce(Ⅲ) - (0)	$Ce^{3+} + 3e^{-} = Ce$	-2.336
H(0) - (-Ⅰ)	$H_2(g) + 2e^{-} = 2H^{-}$	-2.23
Al(Ⅲ) - (0)	$AlF_6^{3-} + 3e^{-} = Al + 6F^{-}$	-2.069
Th(Ⅳ) - (0)	$Th^{4+} + 4e^{-} = Th$	-1.899
Be(Ⅱ) - (0)	$Be^{2+} + 2e^{-} = Be$	-1.847
U(Ⅲ) - (0)	$U^{3+} + 3e^{-} = U$	-1.798
Hf(Ⅳ) - (0)	$HfO^{2+} + 2H^{+} + 4e^{-} = Hf + H_2O$	-1.724
Al(Ⅲ) - (0)	$Al^{3+} + 3e^{-} = Al$	-1.662
Ti(Ⅱ) - (0)	$Ti^{2+} + 2e^{-} = Ti$	-1.630
Zr(Ⅳ) - (0)	$ZrO_2 + 4H^{+} + 4e^{-} = Zr + 2H_2O$	-1.553
Si(Ⅳ) - (0)	$[SiF_6]^{2-} + 4e^{-} = Si + 6F^{-}$	-1.24
Mn(Ⅱ) - (0)	$Mn^{2+} + 2e^{-} = Mn$	-1.185
Cr(Ⅱ) - (0)	$Cr^{2+} + 2e^{-} = Cr$	-0.913
Ti(Ⅲ) - (Ⅱ)	$Ti^{3+} + e^{-} = Ti^{2+}$	-0.9
B(Ⅲ) - (0)	$H_3BO_3 + 3H^{+} + 3e^{-} = B + 3H_2O$	-0.8698
Ti(Ⅳ) - (0)	$TiO_2 + 4H^{+} + 4e^{-} = Ti + 2H_2O$	-0.86
Te(0) - (-Ⅱ)	$Te + 2H^{+} + 2e^{-} = H_2Te$	-0.793
Zn(Ⅱ) - (0)	$Zn^{2+} + 2e^{-} = Zn$	-0.7618
Ta(Ⅴ) - (0)	$Ta_2O_5 + 10H^{+} + 10e^{-} = 2Ta + 5H_2O$	-0.750

续附表11-1

电　对	方　程　式	$E^{\ominus}$/V
Cr(Ⅲ)－(0)	$Cr^{3+} + 3e^- = Cr$	－0.744
Nb(Ⅴ)－(0)	$Nb_2O_5 + 10H^+ + 10e^- = 2Nb + 5H_2O$	－0.644
As(0)－(－Ⅲ)	$As + 3H^+ + 3e^- = AsH_3$	－0.608
U(Ⅳ)－(Ⅲ)	$U^{4+} + e^- = U^{3+}$	－0.607
Ga(Ⅲ)－(0)	$Ga^{3+} + 3e^- = Ga$	－0.549
P(Ⅰ)－(0)	$H_3PO_2 + H^+ + e^- = P + 2H_2O$	－0.508
P(Ⅲ)－(Ⅰ)	$H_3PO_3 + 2H^+ + 2e^- = H_3PO_2 + H_2O$	－0.499
C(Ⅳ)－(Ⅲ)	$2CO_2 + 2H^+ + 2e^- = H_2C_2O_4$	－0.49
Fe(Ⅱ)－(0)	$Fe^{2+} + 2e^- = Fe$	－0.447
Cr(Ⅲ)－(Ⅱ)	$Cr^{3+} + e^- = Cr^{2+}$	－0.407
Cd(Ⅱ)－(0)	$Cd^{2+} + 2e^- = Cd$	－0.4030
Se(0)－(－Ⅱ)	$Se + 2H^+ + 2e^- = H_2Se(aq)$	－0.399
Pb(Ⅱ)－(0)	$PbI_2 + 2e^- = Pb + 2I^-$	－0.365
Eu(Ⅲ)－(Ⅱ)	$Eu^{3+} + e^- = Eu^{2+}$	－0.36
Pb(Ⅱ)－(0)	$PbSO_4 + 2e^- = Pb + SO_4^{2-}$	－0.3588
In(Ⅲ)－(0)	$In^{3+} + 3e^- = In$	－0.3382
Tl(Ⅰ)－(0)	$Tl^+ + e^- = Tl$	－0.336
Co(Ⅱ)－(0)	$Co^{2+} + 2e^- = Co$	－0.28
P(Ⅴ)－(Ⅲ)	$H_3PO_4 + 2H^+ + 2e^- = H_3PO_3 + H_2O$	－0.276
Pb(Ⅱ)－(0)	$PbCl_2 + 2e^- = Pb + 2Cl^-$	－0.2675
Ni(Ⅱ)－(0)	$Ni^{2+} + 2e^- = Ni$	－0.257
V(Ⅲ)－(Ⅱ)	$V^{3+} + e^- = V^{2+}$	－0.255
Ge(Ⅳ)－(0)	$H_2GeO_3 + 4H^+ + 4e^- = Ge + 3H_2O$	－0.182
Ag(Ⅰ)－(0)	$AgI + e^- = Ag + I^-$	－0.15224
Sn(Ⅱ)－(0)	$Sn^{2+} + 2e^- = Sn$	－0.1375
Pb(Ⅱ)－(0)	$Pb^{2+} + 2e^- = Pb$	－0.1262
C(Ⅳ)－(Ⅱ)	$CO_2(g) + 2H^+ + 2e^- = CO + H_2O$	－0.12
P(0)－(－Ⅲ)	P(白) $+ 3H^+ + 3e^- = PH_3(g)$	－0.063
Hg(Ⅰ)－(0)	$Hg_2I_2 + 2e^- = 2Hg + 2I^-$	－0.0405
Fe(Ⅲ)－(0)	$Fe^{3+} + 3e^- = Fe$	－0.037
H(Ⅰ)－(0)	$2H^+ + 2e^- = H_2$	0.0000

续附表11-1

电　对	方　程　式	$E^{\ominus}/V$
Ag(Ⅰ)-(0)	$AgBr + e^- = Ag + Br^-$	0.07133
S(Ⅱ,Ⅴ)-(Ⅱ)	$S_4O_6^{2-} + 2e^- = 2S_2O_3^{2-}$	0.08
Ti(Ⅳ)-(Ⅲ)	$TiO^{2+} + 2H^+ + e^- = Ti^{3+} + H_2O$	0.1
S(0)-(-Ⅱ)	$S + 2H^+ + 2e^- = H_2S(aq)$	0.142
Sn(Ⅳ)-(Ⅱ)	$Sn^{4+} + 2e^- = Sn^{2+}$	0.151
Sb(Ⅲ)-(0)	$Sb_2O_3 + 6H^+ + 6e^- = 2Sb + 3H_2O$	0.152
Cu(Ⅱ)-(Ⅰ)	$Cu^{2+} + e^- = Cu^+$	0.153
Bi(Ⅲ)-(0)	$BiOCl + 2H^+ + 3e^- = Bi + Cl^- + H_2O$	0.1583
S(Ⅵ)-(Ⅳ)	$SO_4^{2-} + 4H^+ + 2e^- = H_2SO_3 + H_2O$	0.172
Sb(Ⅲ)-(0)	$SbO^+ + 2H^+ + 3e^- = Sb + H_2O$	0.212
Ag(Ⅰ)-(0)	$AgCl + e^- = Ag + Cl^-$	0.22233
As(Ⅲ)-(0)	$HAsO_2 + 3H^+ + 3e^- = As + 2H_2O$	0.248
Hg(Ⅰ)-(0)	$Hg_2Cl_2 + 2e^- = 2Hg + 2Cl^-$ (饱和 KCl)	0.26808
Bi(Ⅲ)-(0)	$BiO^+ + 2H^+ + 3e^- = Bi + H_2O$	0.320
U(Ⅵ)-(Ⅳ)	$UO_2^{2+} + 4H^+ + 2e^- = U^{4+} + 2H_2O$	0.327
C(Ⅳ)-(Ⅲ)	$2HCNO + 2H^+ + 2e^- = (CN)_2 + 2H_2O$	0.330
V(Ⅳ)-(Ⅲ)	$VO^{2+} + 2H^+ + e^- = V^{3+} + H_2O$	0.337
Cu(Ⅱ)-(0)	$Cu^{2+} + 2e^- = Cu$	0.3419
Fe(Ⅲ)-(Ⅱ)	$[Fe(CN)_6]^{3-} + e^- = [Fe(CN)_6]^{4-}$	0.358
Re(Ⅶ)-(0)	$ReO_4^- + 8H^+ + 7e^- = Re + 4H_2O$	0.368
Ag(Ⅰ)-(0)	$Ag_2CrO_4 + 2e^- = 2Ag + CrO_4^{2-}$	0.4470
S(Ⅳ)-(0)	$H_2SO_3 + 4H^+ + 4e^- = S + 3H_2O$	0.449
Cu(Ⅰ)-(0)	$Cu^+ + e^- = Cu$	0.521
I(0)-(-Ⅰ)	$I_2 + 2e^- = 2I^-$	0.5355
I(0)-(-Ⅰ)	$I_3^- + 2e^- = 3I^-$	0.536
As(Ⅴ)-(Ⅲ)	$H_3AsO_4 + 2H^+ + 2e^- = HAsO_2 + 2H_2O$	0.560
Sb(Ⅴ)-(Ⅲ)	$Sb_2O_5 + 6H^+ + 4e^- = 2SbO^+ + 3H_2O$	0.581
Te(Ⅳ)-(0)	$TeO_2 + 4H^+ + 4e^- = Te + 2H_2O$	0.593
U(Ⅴ)-(Ⅳ)	$UO_2^+ + 4H^+ + e^- = U^{4+} + 2H_2O$	0.612
Hg(Ⅱ)-(Ⅰ)	$2HgCl_2 + 2e^- = Hg_2Cl_2 + 2Cl^-$	0.63
Pt(Ⅳ)-(Ⅱ)	$[PtCl_6]^{2-} + 2e^- = [PtCl_4]^{2-} + 2Cl^-$	0.68

续附表11-1

电 对	方 程 式	$E^{\ominus}$/V
O(0) - (- Ⅰ)	$O_2 + 2H^+ + 2e^- = H_2O_2$	0.695
Pt(Ⅱ) - (0)	$[PtCl_4]^{2-} + 2e^- = Pt + 4Cl^-$	0.755
Se(Ⅳ) - (0)	$H_2SeO_3 + 4H^+ + 4e^- = Se + 3H_2O$	0.74
Fe(Ⅲ) - (Ⅱ)	$Fe^{3+} + e^- = Fe^{2+}$	0.771
Hg(Ⅰ) - (0)	$Hg_2^{2+} + 2e^- = 2Hg$	0.7973
Ag(Ⅰ) - (0)	$Ag^+ + e^- = Ag$	0.7996
N(Ⅴ) - (Ⅳ)	$2NO_3^- + 4H^+ + 2e^- = N_2O_4 + 2H_2O$	0.803
Os(Ⅷ) - (0)	$OsO_4 + 8H^+ + 8e^- = Os + 4H_2O$	0.8
Hg(Ⅱ) - (0)	$Hg^{2+} + 2e^- = Hg$	0.851
Si(Ⅳ) - (0)	SiO_2(石英) $+ 4H^+ + 4e^- = Si + 2H_2O$	0.857
Cu(Ⅱ) - (Ⅰ)	$Cu^{2+} + I^- + e^- = CuI$	0.86
N(Ⅲ) - (Ⅰ)	$2HNO_2 + 4H^+ + 4e^- = H_2N_2O_2 + 2H_2O$	0.86
Hg(Ⅱ) - (Ⅰ)	$2Hg^{2+} + 2e^- = Hg_2^{2+}$	0.920
N(Ⅴ) - (Ⅲ)	$NO_3^- + 3H^+ + 2e^- = HNO_2 + H_2O$	0.934
Pd(Ⅱ) - (0)	$Pd^{2+} + 2e^- = Pd$	0.951
N(Ⅴ) - (Ⅱ)	$NO_3^- + 4H^+ + 3e^- = NO + 2H_2O$	0.957
N(Ⅲ) - (Ⅱ)	$HNO_2 + H^+ + e^- = NO + H_2O$	0.983
I(Ⅰ) - (- Ⅰ)	$HIO + H^+ + 2e^- = I^- + H_2O$	0.987
V(Ⅴ) - (Ⅳ)	$VO_2^+ + 2H^+ + e^- = VO^{2+} + H_2O$	0.991
Au(Ⅲ) - (0)	$[AuCl_4]^- + 3e^- = Au + 4Cl^-$	1.002
V(Ⅴ) - (Ⅳ)	$V(OH)_4^+ + 2H^+ + e^- = VO^{2+} + 3H_2O$	1.00
Te(Ⅵ) - (Ⅳ)	$H_6TeO_6 + 2H^+ + 2e^- = TeO_2 + 4H_2O$	1.02
N(Ⅳ) - (Ⅱ)	$N_2O_4 + 4H^+ + 4e^- = 2NO + 2H_2O$	1.035
N(Ⅳ) - (Ⅲ)	$N_2O_4 + 2H^+ + 2e^- = 2HNO_2$	1.065
I(Ⅴ) - (- Ⅰ)	$IO_3^- + 6H^+ + 6e^- = I^- + 3H_2O$	1.085
Br(0) - (- Ⅰ)	$Br_2(aq) + 2e^- = 2Br^-$	1.0873
Pt(Ⅱ) - (0)	$Pt^{2+} + 2e^- = Pt$	1.18
Se(Ⅵ) - (Ⅳ)	$SeO_4^{2+} + 4H^+ + 6e^- = H_2SeO_3 + H_2O$	1.151
Cl(Ⅴ) - (Ⅳ)	$ClO_3^- + 2H^+ + e^- = ClO_2 + H_2O$	1.152
Cl(Ⅶ) - (Ⅴ)	$ClO_4^- + 2H^+ + 2e^- = ClO_3^- + H_2O$	1.189
I(Ⅴ) - (0)	$2IO_3^- + 12H^+ + 10e^- = I_2 + 6H_2O$	1.195

续附表11-1

电　对	方　程　式	$E^\ominus/V$
Cl(Ⅴ)-(Ⅲ)	$ClO_3^- + 3H^+ + 2e^- = HClO_2 + H_2O$	1.214
Mn(Ⅳ)-(Ⅱ)	$MnO_2 + 4H^+ + 2e^- = Mn^{2+} + 2H_2O$	1.224
O(0)-(-Ⅱ)	$O_2 + 4H^+ + 4e^- = 2H_2O$	1.229
Tl(Ⅲ)-(Ⅰ)	$Tl^{3+} + 2e^- = Tl^+$	1.252
Cl(Ⅳ)-(Ⅲ)	$ClO_2 + H^+ + e^- = HClO_2$	1.277
N(Ⅲ)-(Ⅰ)	$2HNO_2 + 4H^+ + 4e^- = N_2O + 3H_2O$	1.297
Cr(Ⅵ)-(Ⅲ)	$Cr_2O_7^{2-} + 14H^+ + 6e^- = 2Cr^{3+} + 7H_2O$	1.33
Br(Ⅰ)-(-Ⅰ)	$HBrO + H^+ + 2e^- = Br^- + H_2O$	1.331
Cr(Ⅵ)-(Ⅲ)	$HCrO_4^- + 7H^+ + 3e^- = Cr^{3+} + 4H_2O$	1.350
Cl(0)-(-Ⅰ)	$Cl_2(g) + 2e^- = 2Cl^-$	1.35827
Cl(Ⅶ)-(-Ⅰ)	$ClO_4^- + 8H^+ + 8e^- = Cl^- + 4H_2O$	1.389
Cl(Ⅶ)-(0)	$ClO_4^- + 8H^+ + 7e^- = 1/2Cl_2 + 4H_2O$	1.39
Au(Ⅲ)-(Ⅰ)	$Au^{3+} + 2e^- = Au^+$	1.401
Br(Ⅴ)-(-Ⅰ)	$BrO_3^- + 6H^+ + 6e^- = Br^- + 3H_2O$	1.423
I(Ⅰ)-(0)	$2HIO + 2H^+ + 2e^- = I_2 + 2H_2O$	1.439
Cl(Ⅴ)-(-Ⅰ)	$ClO_3^- + 6H^+ + 6e^- = Cl^- + 3H_2O$	1.451
Pb(Ⅳ)-(Ⅱ)	$PbO_2 + 4H^+ + 2e^- = Pb^{2+} + 2H_2O$	1.455
Cl(Ⅴ)-(0)	$ClO_3^- + 6H^+ + 5e^- = 1/2Cl_2 + 3H_2O$	1.47
Cl(Ⅰ)-(-Ⅰ)	$HClO + H^+ + 2e^- = Cl^- + H_2O$	1.482
Br(Ⅴ)-(0)	$BrO_3^- + 6H^+ + 5e^- = 1/2Br_2 + 3H_2O$	1.482
Au(Ⅲ)-(0)	$Au^{3+} + 3e^- = Au$	1.498
Mn(Ⅶ)-(Ⅱ)	$MnO_4^- + 8H^+ + 5e^- = Mn^{2+} + 4H_2O$	1.507
Mn(Ⅲ)-(Ⅱ)	$Mn^{3+} + e^- = Mn^{2+}$	1.5415
Cl(Ⅲ)-(-Ⅰ)	$HClO_2 + 3H^+ + 4e^- = Cl^- + 2H_2O$	1.570
Br(Ⅰ)-(0)	$HBrO + H^+ + e^- = 1/2Br_2(aq) + H_2O$	1.574
N(Ⅱ)-(Ⅰ)	$2NO + 2H^+ + 2e^- = N_2O + H_2O$	1.591
I(Ⅶ)-(Ⅴ)	$H_5IO_6 + H^+ + 2e^- = IO_3^- + 3H_2O$	1.601
Cl(Ⅰ)-(0)	$HClO + H^+ + e^- = 1/2Cl_2 + H_2O$	1.611
Cl(Ⅲ)-(Ⅰ)	$HClO_2 + 2H^+ + 2e^- = HClO + H_2O$	1.645
Ni(Ⅳ)-(Ⅱ)	$NiO_2 + 4H^+ + 2e^- = Ni^{2+} + 2H_2O$	1.678
Mn(Ⅶ)-(Ⅳ)	$MnO_4^- + 4H^+ + 3e^- = MnO_2 + 2H_2O$	1.679

续附表11-1

电　对	方　程　式	$E^{\ominus}/V$
Pb(Ⅳ) - (Ⅱ)	$PbO_2 + SO_4^{2-} + 4H^+ + 2e^- = PbSO_4 + 2H_2O$	1.6913
Au(Ⅰ) - (0)	$Au^+ + e^- = Au$	1.692
Ce(Ⅳ) - (Ⅲ)	$Ce^{4+} + e^- = Ce^{3+}$	1.72
N(Ⅰ) - (0)	$N_2O + 2H^+ + 2e^- = N_2 + H_2O$	1.766
O(-Ⅰ) - (-Ⅱ)	$H_2O_2 + 2H^+ + 2e^- = 2H_2O$	1.776
Co(Ⅲ) - (Ⅱ)	$Co^{3+} + e^- = Co^{2+}$(2mol/L H_2SO_4)	1.83
Ag(Ⅱ) - (Ⅰ)	$Ag^{2+} + e^- = Ag^+$	1.980
O(0) - (-Ⅱ)	$O_3 + 2H^+ + 2e^- = O_2 + H_2O$	2.076
S(Ⅶ) - (Ⅵ)	$S_2O_8^{2-} + 2e^- = 2SO_4^{2-}$	2.010
O(Ⅱ) - (-Ⅱ)	$F_2O + 2H^+ + 4e^- = 2F^- + H_2O$	2.153
Fe(Ⅵ) - (Ⅲ)	$FeO_4^{2-} + 8H^+ + 3e^- = Fe^{3+} + 4H_2O$	2.20
O(0) - (-Ⅱ)	$O_2(g) + 4H^+ + 4e^- = 2H_2O$	2.421
F(0) - (-Ⅰ)	$F_2 + 2e^- = 2F^-$	2.866
F(0) - (-Ⅰ)	$F_2 + 2H^+ + 2e^- = 2HF$	3.053

附表 11-2　在碱性溶液中（298 K）

电　对	方　程　式	$E^{\ominus}/V$
Ca(Ⅱ) - (0)	$Ca(OH)_2 + 2e^- = Ca + 2OH^-$	-3.02
Ba(Ⅱ) - (0)	$Ba(OH)_2 + 2e^- = Ba + 2OH^-$	-2.99
La(Ⅲ) - (0)	$La(OH)_3 + 3e^- = La + 3OH^-$	-2.90
Sr(Ⅱ) - (0)	$Sr(OH)_2 \cdot 8H_2O + 2e^- = Sr + 2OH^- + 8H_2O$	-2.88
Mg(Ⅱ) - (0)	$Mg(OH)_2 + 2e^- = Mg + 2OH^-$	-2.690
Be(Ⅱ) - (0)	$Be_2O_3^{2+} + 3H_2O + 4e^- = 2Be^{2+} + 6OH^-$	-2.63
Hf(Ⅳ) - (0)	$HfO(OH)_2 + H_2O + 4e^- = Hf + 4OH^-$	-2.50
Zr(Ⅳ) - (0)	$H_2ZrO_3 + H_2O + 4e^- = Zr + 4OH^-$	-2.36
Al(Ⅲ) - (0)	$H_2AlO_3^- + H_2O + 3e^- = Al + 4OH^-$	-2.33
P(Ⅰ) - (0)	$H_2PO_2^- + e^- = P + 2OH^-$	-1.82
B(Ⅲ) - (0)	$H_2BO_3^- + H_2O + 3e^- = B + 4OH^-$	-1.79
P(Ⅲ) - (0)	$HPO_3^{2-} + 2H_2O + 3e^- = P + 5OH^-$	-1.71
Si(Ⅳ) - (0)	$SiO_3^{2-} + 3H_2O + 4e^- = Si + 6OH^-$	-1.697
P(Ⅲ) - (Ⅰ)	$HPO_3^{2-} + 2H_2O + 2e^- = H_2PO_2^- + 3OH^-$	-1.65

续附表11-2

电对	方程式	$E^\ominus$/V
Mn(Ⅱ)-(0)	$Mn(OH)_2 + 2e^- = Mn + 2OH^-$	-1.56
Cr(Ⅲ)-(0)	$Cr(OH)_3 + 3e^- = Cr + 3OH^-$	-1.48
Zn(Ⅱ)-(0)	$[Zn(CN)_4]^{2-} + 2e^- = Zn + 4CN^-$	-1.26
Zn(Ⅱ)-(0)	$Zn(OH)_2 + 2e^- = Zn + 2OH^-$	-1.249
Ga(Ⅲ)-(0)	$H_2GaO_3^- + H_2O + 3e^- = Ga + 4OH^-$	-1.219
Zn(Ⅱ)-(0)	$ZnO_2^{2-} + 2H_2O + 2e^- = Zn + 4OH^-$	-1.215
Cr(Ⅲ)-(0)	$CrO_2^- + 2H_2O + 3e^- = Cr + 4OH^-$	-1.2
Te(0)-(-Ⅱ)	$Te + 2e^- = Te^{2-}$	-1.143
P(Ⅴ)-(Ⅲ)	$PO_4^{3-} + 2H_2O + 2e^- = HPO_3^{2-} + 3OH^-$	-1.05
Zn(Ⅱ)-(0)	$[Zn(NH_3)_4]^{2+} + 2e^- = Zn + 4NH_3$	-1.04
W(Ⅵ)-(0)	$WO_4^{2-} + 4H_2O + 6e^- = W + 8OH^-$	-1.01
Ge(Ⅳ)-(0)	$HGeO_3^- + 2H_2O + 4e^- = Ge + 5OH^-$	-1.0
Sn(Ⅳ)-(Ⅱ)	$[Sn(OH)_6]^{2-} + 2e^- = HSnO_2^- + H_2O + 3OH^-$	-0.93
S(Ⅵ)-(Ⅳ)	$SO_4^{2-} + H_2O + 2e^- = SO_3^{2-} + 2OH^-$	-0.93
Se(0)-(-Ⅱ)	$Se + 2e^- = Se^{2-}$	-0.924
Sn(Ⅱ)-(0)	$HSnO_2^- + H_2O + 2e^- = Sn + 3OH^-$	-0.909
P(0)-(-Ⅲ)	$P + 3H_2O + 3e^- = PH_3(g) + 3OH^-$	-0.87
N(Ⅴ)-(Ⅳ)	$2NO_3^- + 2H_2O + 2e^- = N_2O_4 + 4OH^-$	-0.85
H(Ⅰ)-(0)	$2H_2O + 2e^- = H_2 + 2OH^-$	-0.8277
Cd(Ⅱ)-(0)	$Cd(OH)_2 + 2e^- = Cd(g) + 2OH^-$	-0.809
Co(Ⅱ)-(0)	$Co(OH)_2 + 2e^- = Co + 2OH^-$	-0.73
Ni(Ⅱ)-(0)	$Ni(OH)_2 + 2e^- = Ni + 2OH^-$	-0.72
As(Ⅴ)-(Ⅲ)	$AsO_4^{3-} + 2H_2O + 2e^- = AsO_2^- + 4OH^-$	-0.71
Ag(Ⅰ)-(0)	$Ag_2S + 2e^- = 2Ag + S^{2-}$	-0.691
As(Ⅲ)-(0)	$AsO_2^- + 2H_2O + 3e^- = As + 4OH^-$	-0.68
Sb(Ⅲ)-(0)	$SbO_2^- + 2H_2O + 3e^- = Sb + 4OH^-$	-0.66
Re(Ⅶ)-(Ⅳ)	$ReO_4^- + 2H_2O + 3e^- = ReO_2 + 4OH^-$	-0.59
Sb(Ⅴ)-(Ⅲ)	$SbO_3^- + H_2O + 2e^- = SbO_2^- + 2OH^-$	-0.59
Re(Ⅶ)-(0)	$ReO_4^- + 4H_2O + 7e^- = Re + 8OH^-$	-0.584
S(Ⅳ)-(Ⅱ)	$2SO_3^{2-} + 3H_2O + 4e^- = S_2O_3^{2-} + 6OH^-$	-0.58
Te(Ⅳ)-(0)	$TeO_3^{2-} + 3H_2O + 4e^- = Te + 6OH^-$	-0.57

续附表11-2

电　对	方　程　式	$E^{\ominus}$/V
Fe(Ⅲ)-(Ⅱ)	$Fe(OH)_3 + e^- = Fe(OH)_2 + OH^-$	-0.56
S(0)-(-Ⅱ)	$S + 2e^- = S^{2-}$	-0.47627
Bi(Ⅲ)-(0)	$Bi_2O_3 + 3H_2O + 6e^- = 2Bi + 6OH^-$	-0.46
N(Ⅲ)-(Ⅱ)	$NO_2^- + H_2O + e^- = NO + 2OH^-$	-0.46
Co(Ⅱ)-(0)	$[Co(NH_3)_6]^{2+} + 2e^- = Co + 6NH_3$	-0.422
Se(Ⅳ)-(0)	$SeO_3^{2-} + 3H_2O + 4e^- = Se + 6OH^-$	-0.366
Cu(Ⅰ)-(0)	$Cu_2O + H_2O + 2e^- = 2Cu + 2OH^-$	-0.360
Tl(Ⅰ)-(0)	$Tl(OH) + e^- = Tl + OH^-$	-0.34
Ag(Ⅰ)-(0)	$[Ag(CN)_2]^- + e^- = Ag + 2CN^-$	-0.31
Cu(Ⅱ)-(0)	$Cu(OH)_2 + 2e^- = Cu + 2OH^-$	-0.222
Cr(Ⅵ)-(Ⅲ)	$CrO_4^{2-} + 4H_2O + 3e^- = Cr(OH)_3 + 5OH^-$	-0.13
Cu(Ⅰ)-(0)	$[Cu(NH_3)_2]^+ + e^- = Cu + 2NH_3$	-0.12
O(0)-(-Ⅰ)	$O_2 + H_2O + 2e^- = HO_2^- + OH^-$	-0.076
Ag(Ⅰ)-(0)	$AgCN + e^- = Ag + CN^-$	-0.017
N(Ⅴ)-(Ⅲ)	$NO_3^- + H_2O + 2e^- = NO_2^- + 2OH^-$	0.01
Se(Ⅵ)-(Ⅳ)	$SeO_4^{2-} + H_2O + 2e^- = SeO_3^{2-} + 2OH^-$	0.05
Pd(Ⅱ)-(0)	$Pd(OH)_2 + 2e^- = Pd + 2OH^-$	0.07
S(Ⅱ, Ⅴ)-(Ⅱ)	$S_4O_6^{2-} + 2e^- = 2S_2O_3^{2-}$	0.08
Hg(Ⅱ)-(0)	$HgO + H_2O + 2e^- = Hg + 2OH^-$	0.0977
Co(Ⅲ)-(Ⅱ)	$[Co(NH_3)_6]^{3+} + e^- = [Co(NH_3)_6]^{2+}$	0.108
Pt(Ⅱ)-(0)	$Pt(OH)_2 + 2e^- = Pt + 2OH^-$	0.14
Co(Ⅲ)-(Ⅱ)	$Co(OH)_3 + e^- = Co(OH)_2 + OH^-$	0.17
Pb(Ⅳ)-(Ⅱ)	$PbO_2 + H_2O + 2e^- = PbO + 2OH^-$	0.247
I(Ⅴ)-(-Ⅰ)	$IO_3^- + 3H_2O + 6e^- = I^- + 6OH^-$	0.26
Cl(Ⅴ)-(Ⅲ)	$ClO_3^- + H_2O + 2e^- = ClO_2^- + 2OH^-$	0.33
Ag(Ⅰ)-(0)	$Ag_2O + H_2O + 2e^- = 2Ag + 2OH^-$	0.342
Fe(Ⅲ)-(Ⅱ)	$[Fe(CN)_6]^{3-} + e^- = [Fe(CN)_6]^{4-}$	0.358
Cl(Ⅶ)-(Ⅴ)	$ClO_4^- + H_2O + 2e^- = ClO_3^- + 2OH^-$	0.36
Ag(Ⅰ)-(0)	$[Ag(NH_3)_2]^+ + e^- = Ag + 2NH_3$	0.373
O(0)-(-Ⅱ)	$O_2 + 2H_2O + 4e^- = 4OH^-$	0.401
I(Ⅰ)-(-Ⅰ)	$IO^- + H_2O + 2e^- = I^- + 2OH^-$	0.485

续附表11-2

电　对	方　程　式	$E^{\ominus}/V$
Ni(Ⅳ)-(Ⅱ)	$NiO_2 + 2H_2O + 2e^- = Ni(OH)_2 + 2OH^-$	0.490
Mn(Ⅶ)-(Ⅵ)	$MnO_4^- + e^- = MnO_4^{2-}$	0.558
Mn(Ⅶ)-(Ⅳ)	$MnO_4^- + 2H_2O + 3e^- = MnO_2 + 4OH^-$	0.595
Mn(Ⅵ)-(Ⅳ)	$MnO_4^{2-} + 2H_2O + 2e^- = MnO_2 + 4OH^-$	0.60
Ag(Ⅱ)-(Ⅰ)	$2AgO + H_2O + 2e^- = Ag_2O + 2OH^-$	0.607
Br(Ⅴ)-(-Ⅰ)	$BrO_3^- + 3H_2O + 6e^- = Br^- + 6OH^-$	0.61
Cl(Ⅴ)-(-Ⅰ)	$ClO_3^- + 3H_2O + 6e^- = Cl^- + 6OH^-$	0.62
Cl(Ⅲ)-(Ⅰ)	$ClO_2^- + H_2O + 2e^- = ClO^- + 2OH^-$	0.66
I(Ⅶ)-(Ⅴ)	$H_3IO_6^{2-} + 2e^- = IO_3^- + 3OH^-$	0.7
Cl(Ⅲ)-(-Ⅰ)	$ClO_2^- + 2H_2O + 4e^- = Cl^- + 4OH^-$	0.76
Br(Ⅰ)-(-Ⅰ)	$BrO^- + H_2O + 2e^- = Br^- + 2OH^-$	0.761
Cl(Ⅰ)-(-Ⅰ)	$ClO^- + H_2O + 2e^- = Cl^- + 2OH^-$	0.841
Cl(Ⅳ)-(Ⅲ)	$ClO_2(g) + e^- = ClO_2^-$	0.95
O(0)-(-Ⅱ)	$O_3 + H_2O + 2e^- = O_2 + 2OH^-$	1.24